AF245825

CHAUFFAGE

DES VINS

EN VUE

DE LES CONSERVER, LES MUTER ET LES VIEILLIR

PAR

MM. GIRET & VINAS

DEUXIÈME ÉDITION

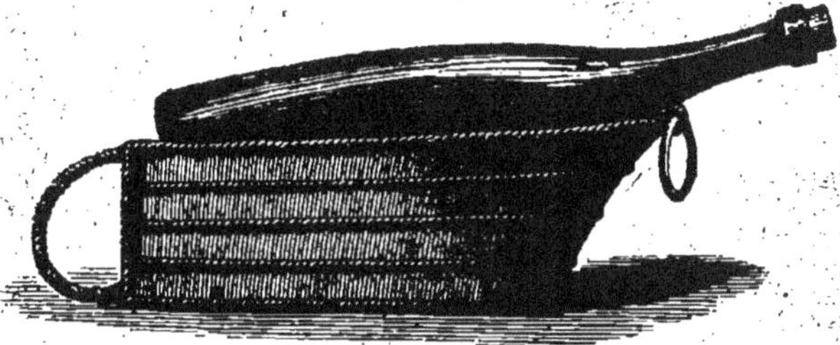

PARIS

LIBRAIRIE AGRICOLE DE LA MAISON RUSTIQUE

26, RUE JACOB, 26

CHAUFFAGE DES VINS

Paris. — Imprimé par Cusset et Cᵉ, rue Racine, 26.

CHAUFFAGE

DES VINS

EN VUE

DE LES CONSERVER, LES MUTER ET LES VIEILLIR

PAR

MM. GIRET & VINAS

Deuxième Édition.

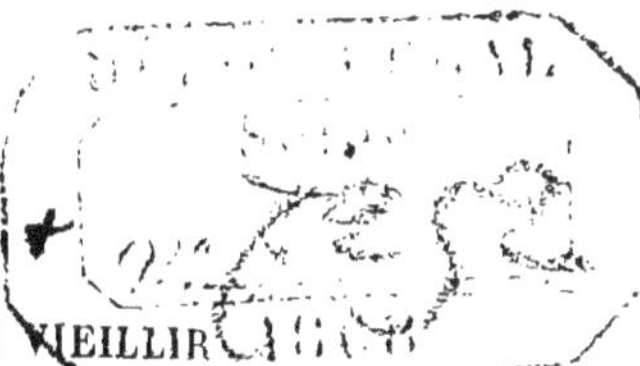

PARIS

LIBRAIRIE AGRICOLE DE LA MAISON RUSTIQUE

26, RUE JACOB, 26

AVANT-PROPOS

Nous avions suivi avec le plus grand intérêt les diverses communications faites en 1864, 1865 et 1866 à l'Académie des sciences par M. Pasteur, sur les diverses altérations spontanées ou maladies des vins, sur les causes qui les provoquent et les moyens de les combattre par le chauffage.

Au commencement de l'année 1866, nous nous livrâmes nous-mêmes à une série d'expériences comparatives sur les vins en bouteilles chauffés ou non chauffés.

Nous voulions nous assurer si le procédé si simple de conservation des vins, proposé par M. Pasteur, tenait, pour les vins du midi de la France, les promesses merveilleuses qu'il faisait entrevoir. Ces expériences furent si concluantes qu'elles ne laissèrent plus subsister aucun doute dans notre esprit sur l'efficacité de ce procédé.

M. Pasteur, en publiant à la fin de la même année 1866, son ouvrage intitulé *Études sur les vins*, laissait au public le soin de trouver des méthodes et appareils de chauffage, qui permissent d'appliquer ce procédé à de grandes masses de liquide et dans des conditions économiques.

Frappés des résultats incalculables qu'un appareil réunissant les conditions ci-dessus aurait pour l'avenir des pays de vignoble, nous eûmes l'idée de réaliser ce problème.

Après quelques tâtonnements, nous sommes parvenus à construire un appareil que nous avons nommé *Thermænophylactique*, c'est-à-dire propre au chauffage des vins, en vue de leur conservation.

Munis d'un bon instrument de chauffage, depuis la fin de 1866 jusqu'à ce jour, nous avons pu nous livrer, soit dans la cave de M. Giret, l'un de nous, soit dans celles de divers propriétaires et négociants, à des expériences nombreuses qui nous ont appris que de tous les moyens connus de conservation des vins, aucun n'est ni plus certain ni plus énergique que le chauffage. Ces mêmes expériences nous ont aussi enseigné ce qu'il fallait faire comme ce qu'il fallait éviter pour opérer sûrement et dans les conditions les plus économiques le chauffage du vin, en vue de sa conservation.

Les heureux résultats que nous avons obtenus à la suite de ces expériences nous ont engagés à faire des essais sur les vins en moût, et ces essais nous ont démontré, qu'en appliquant le chauffage aux moûts du raisin, on parvenait aisément à donner aux vins blancs une limpidité parfaite et à leur conserver le degré de liqueur que l'on voulait.

M. Pasteur, dans ses *Études sur les vins*, avait avancé que l'oxygène de l'air en se combinant avec sa partie colorante était l'agent le plus énergique du vieillissement de ce liquide, et que cette combinaison était d'autant plus rapide que la température du vin était plus élevée.

Nos expériences sur le chauffage des vins furent pour nous une occasion naturelle de contrôler la théorie de M. Pasteur sur les causes du vieillissement de ce liquide. Nous étions d'autant plus désireux de faire des essais pratiques sur cette théorie, que nous savions que la méthode employée dans le midi de la France, pour opérer le vieillissement du vin, était très-défectueuse. Nos essais ont été satisfaisants, et l'exposition de la méthode plus rationnelle que nous proposons pourra peut-être avoir quelque influence pour faire abandonner les procédés routiniers et empiriques, au moyen desquels on a tenté jusqu'ici de vieillir les vins.

Nous publions donc aujourd'hui le résultat de nos expériences sur l'application du chauffage à la conservation, au mutage et au vieillissement du vin. Nous osons espérer que notre travail apportera quelques éclaircissements sur ces trois questions importantes de l'œnologie, et pourra contribuer à faire éviter plus d'un mécompte à ceux qui voudront les mettre en pratique.

Afin de mettre plus d'ordre et de clarté dans les matières qui sont traitées dans ce Manuel, nous le diviserons en trois parties principales, savoir :

1° Conservation des vins ;
2° Mutage des vins blancs ;
3° Vieillissement des vins.

CHAUFFAGE DES VINS

EN VUE

DE LES CONSERVER, DE LES MUTER ET DE LES VIEILLIR

PREMIÈRE PARTIE

CONSERVATION DES VINS PAR LE CHAUFFAGE

INTRODUCTION

Causes qui ont retardé l'adoption de ce procédé.

La même récolte de raisins, selon qu'on en fait du vin mauvais, médiocre ou bon, éprouve d'énormes variations dans sa valeur ; le même vin, selon qu'il est bien ou mal conservé, enrichit ou ruine son propriétaire.

Ce sont des vérités banales que le viticulteur ne saurait trop méditer.

Le commerce a le même intérêt que le vigneron à la bonne conservation de son vin. Si celui qu'il a acheté se gâte dans ses caves, c'est une perte, et cette perte se change en ruine si, après une expédition lointaine, le vin arrive avarié à sa destination.

Il semblerait donc logique que le vigneron et le commerçant eussent adopté avec empressement la méthode du chauffage, qui peut prévenir ou guérir les maladies des vins, les rendre plus résistants aux variations atmosphériques et aux secousses de déplacement ; assurer par conséquent des revenus plus fixes au vigneron, et garantir le commerce contre les chances de perte les plus ruineuses.

Malheureusement il n'en est pas ainsi ; les préjugés, la routine et l'ignorance, par leur force d'inertie, opposent souvent une digue infranchissable au progrès.

Depuis déjà deux années, M. Pasteur a publié ses *Études sur le Vin*, et jeté dans cet ouvrage les plus vives lumières sur les mystérieux phénomènes des fermentations secondaires ou nuisibles, qui provoquent toutes les maladies des liquides alcooliques. Cette publication produisit une grande sensation dans le monde savant, et surtout parmi les œnologues. La théorie des maladies des vins y est en effet si bien exposée et appuyée sur une série d'expériences si concluantes et d'observations microscopiques faites avec une si grande sagacité, qu'elle fut dès lors admise comme vraie. Tout doute disparut sur les causes des altérations des vins et sur les moyens de les guérir par le chauffage (*). Le chauffage fut reconnu le plus

(*) Il est vrai que l'ouvrage de M. Pasteur a donné lieu à beaucoup de polémiques ; les uns ont contesté sa théorie, les autres ont contesté le mérite de la découverte ; mais après

sûr et le plus économique de tous les procédés de conservation des vins, en vue de leur faire parcourir sans accidents les phases d'une existence pendant laquelle ils doivent acquérir toutes leurs qualités hygiéniques, ou celles qui les font rechercher comme boisson de luxe.

Mais si le monde savant des chimistes, des physiologistes et des œnologues, à quelques rares exceptions près, a admis la théorie de M. Pasteur, la vulgarisation de son application pratique rencontre plus de difficultés.

Le vigneron a une prévention souvent bien légitime contre les procédés nouveaux qui ne tiennent pas toujours leurs merveilleuses promesses; pour lui la pratique n'a pas démontré encore assez clairement les bons effets de la méthode de chauffage, et le temps n'a pas prouvé s'ils sont durables. Il craint d'ailleurs de s'engager dans des dépenses d'installation d'un appareil de chauffage susceptible de perfectionnement, et il attend que l'expérience des autres lui ait indiqué quel est, parmi les appareils qu'on lui offre, celui qui réunira les meilleures conditions d'économie et de bon fonctionnement.

Le négociant en vins a d'autres raisons pour hési-

avoir lu toutes les critiques auxquelles cet ouvrage a donné lieu, on découvre qu'il y a unanimité pour admettre que le chauffage des vins est un moyen des plus énergiques pour leur conservation.

ter dans l'adoption de la méthode de chauffage ; il a
son petit secret, ses procédés particuliers pour améliorer ou conserver les vins, et quelques-uns ne ver-
raient pas sans déplaisir surgir une méthode nouvelle,
sûre, facile et à la portée de tout le monde (*).

Il faut dire cependant que l'hésitation du commerce
est fondée aussi sur des motifs plus sérieux : une des
causes qui ont peut-être le plus contribué à l'indif-
férence que le négociant a témoignée pour l'adoption
du procédé du chauffage, c'est l'idée fausse qu'il s'é-
tait faite de ses effets. Pour beaucoup de gens, un vin
chauffé devait être inaltérable à jamais dans quelques
conditions défavorables qu'on le plaçât. Pour d'autres,
les vins les plus détériorés dont les principes avaient
été profondément altérés ou détruits par la maladie,
devaient recouvrer leurs qualités premières ; tous les
mauvais goûts qu'ils pouvaient avoir contractés devaient disparaître sans laisser de traces.

C'est généralement sur les vins avariés qu'ont porté
les premiers essais, et comme on demandait au chauf-

____

(*) Un négociant, après avoir essayé notre appareil pendant
plusieurs mois, nous a demandé par lettre quelle était la somme
d'argent pour laquelle nous consentirions, en lui livrant un
appareil, à nous engager à ne pas en vendre d'autre dans
toute l'étendue du département où il voulait l'installer, et, sur
notre refus de lui faire cette condition, non-seulement il a ren-
voyé l'appareil, mais encore il a donné sur son compte les
plus mauvais renseignements à ceux qui lui en ont demandé.

fage une transformation impossible, il a été déclaré impuissant et a été délaissé.

Enfin, beaucoup d'essais ont été faits sans y apporter les soins et les précautions que l'opération du chauffage nécessite; de là réussite imparfaite et résultats douteux. Quoique simple et d'une facile application, ce procédé demande néanmoins, pour produire les effets qu'on doit en attendre, à être appliqué avec discernement, et à varier suivant la nature et la composition du liquide.

En résumé, les principales causes qui s'opposent à la vulgarisation de la pratique du chauffage sont :

1° La nouveauté du procédé;

2° L'ignorance des soins qu'il faut apporter dans son emploi, et des résultats qu'on peut en espérer suivant la qualité du vin ;

3° L'incertitude sur le choix d'un bon appareil;

4° La répugnance du commerce à adopter une méthode sûre, facile et à la portée de tout le monde, appelée à détrôner celles qui sont basées sur des manipulations et mixtions secrètes souvent peu hygiéniques.

Malgré ces difficultés, nous avons cru devoir essayer de vulgariser la méthode de chauffage des vins que nous croyons appelée au plus brillant avenir et nous espérons y parvenir.

1° Par une exposition claire et précise de la théorie des fermentations de mauvaise nature, basée sur les travaux récents de MM. Pasteur, Ladrey, de Ver-gnette-Lamotte et autres savants qui démontrent d'une manière irréfutable que toutes les altérations des vins sont le produit de ces fermentations.

2° Par l'indication des moyens et des soins à em-ployer pour opérer.sûrement le chauffage des vins.

3° En précisant les seuls et bons effets que cette méthode puisse produire, lorsqu'on en fait une ap-plication bien entendue.

4° En indiquant un instrument de chauffage dont le fonctionnement sûr, rapide et économique est sanctionné par des expériences faites sur de grandes quantités de liquide.

5° En donnant les résultats des expériences faites sur une grande échelle et toutes concluantes.

CHAPITRE PREMIER

FERMENTATIONS

§ 1er. — *Des Fermentations en général. —
Phénomènes qui les accompagnent.*

On donne le nom de fermentation à un mouvement intime qui se manifeste dans certaines substances organiques, comme le sang, l'urine, les liquides contenant du sucre, etc., lorsqu'elles sont exposées à l'action de l'air et d'une chaleur tempérée.

Toute substance organique qui fermente subit, par le fait de cette fermentation, une décomposition d'un ou de plusieurs de ses principes constituants, et il se forme de nouveaux produits différents de ceux qui existaient avant cette fermentation.

Ordinairement la fermentation est accompagnée d'un dégagement de gaz souvent inodore, mais plus souvent encore répandant une odeur quelquefois désagréable et même infecte.

On admet aujourd'hui qu'une fermentation ne peut avoir lieu que sous l'influence de la vie d'un végétal microscopique qu'on appelle ferment.

On a donné des noms particuliers aux fermentations suivant la nature des produits auxquels elles donnent lieu, ainsi on appelle :

Fermentation saccharine celle où se produit le sucre, comme dans la germination de l'orge ;

Fermentation alcoolique, celle où le sucre se convertit en alcool et en gaz acide carbonique, comme dans la fabrication du vin, du cidre, de la bière, etc. ;

Fermentation acétique, celle où l'alcool se convertit en vinaigre ;

Fermentation putride, celle où la décomposition des matières organiques développe des gaz infects.

Nous n'avons pas besoin d'étudier toutes ces fermentations dont quelques-unes sont étrangères à notre sujet. Nous porterons notre examen sur la fermentation alcoolique qui sert de base à la fabrication du vin ; et nous nous occuperons ensuite des fermentations de mauvaise nature ou secondaires, appelées ainsi parce qu'elles peuvent succéder à la première, et qui sont la cause de toutes les altérations ou maladies des vins.

§ 2. — *Fermentation alcoolique.*

Il existe dans la nature un grand nombre de sucs susceptibles d'éprouver la fermentation alcoolique :

1° Celui de raisin qui produit le vin ;

2° Ceux de pommes ou de poires qui produisent le poiré et le cidre ;

3° Celui que fournit l'orge qui a éprouvé un commencement de germination avec lequel on fait la bière ;

4° Enfin celui d'un grand nombre de liquides sucrés, d'où l'on tire des liqueurs enivrantes : tafia, kirsch, vin de palmier, d'érable, etc., etc.

Nous nous occuperons uniquement de la fermentation alcoolique du jus de raisin : ce que nous en dirons peut s'appliquer à tous les liquides sucrés capables d'éprouver cette fermentation.

La fermentation alcoolique est l'acte le plus important de la fabrication du vin : c'est lui qui le crée.

Ses phénomènes concomitants. — Ses produits.

Le moût ou jus de raisin abandonné à lui-même, à la température ordinaire, ne tarde pas à entrer spontanément en fermentation, pendant laquelle il se produit le phénomène suivant : si la fermentation est régulière, le sucre que contient le moût se décompose en deux corps nouveaux : une partie, la moitié environ, se transforme en alcool, et l'autre partie en gaz acide carbonique.

Il n'est pas de vigneron qui ne sache qu'au fur et à mesure que la fermentation alcoolique se produit, il y a dégagement d'un gaz, augmentation de vinosité, et comme conséquence, diminution progressive de la partie sucrée, laquelle dans un jus de raisin ordinaire, et par une fermentation régulière, doit avoir disparu complétement lorsque cette dernière a cessé.

Causes qui produisent la fermentation alcoolique.

La fermentation alcoolique, suivant M. Cognard-Latour, est un phénomène chimique intimement lié à l'existence et au développement d'un être organisé.

Nous entendons par fermentation, dit M. Ladrey, une modification chimique se produisant au sein d'un milieu, sous l'influence d'un être organisé qu'on appelle un ferment.

M. Pasteur partage cette opinion généralement admise par les savants qui s'occupent de ces phénomènes. Pour eux la fermentation alcoolique est déterminée par l'existence de végétaux microscopiques qu'on appelle ferments, lesquels vivent, s'accroissent et se multiplient dans le vin, et, par le fait de leur végétation, consomment la matière sucrée et produisent comme résidu de cet acte de leur vie, de l'alcool, du gaz acide carbonique, et selon M. Pasteur de l'acide succinique et de la glycérine; mais ces derniers principes en petite quantité.

Cette théorie est généralement admise et explique suffisamment les faits que l'on observe pendant et après la fermentation alcoolique. Nous ne nous occuperons pas de quelques légères dissidences qui peuvent exister à cet égard parmi les savants.

Mais d'où proviennent les ferments qui donnent lieu à ces phénomènes?

Les ferments proviennent, disent les uns, des raisins eux-mêmes; les germes de ces ferments, disent les autres, sont répandus en nombre considérable dans l'atmosphère, et se déposent soit sur les raisins, soit dans le moût, ils vivent et se développent dans ce liquide parce qu'ils y trouvent un milieu convenable à leur existence.

Quelle que soit la provenance des germes, leur existence est admise par tout le monde, et la théorie de la fermentation alcoolique reste toujours vraie.

§ 3. — *Fermentations secondaires.*

*Acescence. — Vins piqués. — Aigres. — Fleurs du vin,
Fleurs du vinaigre.*

On donne le nom général de mycoderme à ces pellicules grasses de la nature des champignons que l'on voit se former si facilement à la surface du vin, de la bière, du vinaigre. A la simple inspection, il est difficile de distinguer les fleurs du vin (*mycoderma vini*), des fleurs du vinaigre (*mycoderma aceti*) : mais au moyen d'un bon microscope et des figures qu'en a données M. Pasteur, on ne doit pas les confondre.

Le vin ordinaire, et particulièrement le vin nouveau, non étendu d'eau et sans addition d'acide acétique, ne donne ordinairement naissance qu'au *mycoderma vini*. — Ce mycoderme est sans action sur le vin. Quoique couvert de fleurs il peut, d'après M. Pasteur, rester sain tant que celles-ci conservent leur couleur blanchâtre et ne se fanent pas. Mais si la couleur se ternit, le *mycoderma aceti* apparaît, remplace son congénère et se multiplie d'autant plus rapidement qu'il puise, pendant assez longtemps, sa première nourriture dans les cellules même du *mycoderma vini*.

Ainsi, toutes les fois que dans un tonneau de vin non ouillé et en vidange, les fleurs du vin se seront déloppées, et qu'elles viendront ensuite à s'étioler et à mourir, le vin se couvrira de fleurs du vinaigre et la maladie de l'acescence fera des progrès rapides.

M. Pasteur explique le rôle inoffensif ou nuisible des deux fleurs du vin et du vinaigre par leur action différente sur l'oxigène de l'air :

L'une et l'autre fleur s'emparent de l'oxygène de l'air et le portent sur l'alcool du vin; mais tandis que, en provoquant la décomposition de l'alcool, le *mycoderma aceti* le transforme en eau et en acide acétique, le *mycoderma vini* le transforme en eau et en gaz acide carbonique. La combustion que provoque ce dernier étant complète, il ne dépose rien de nuisible dans le vin.

Opinion ancienne sur l'Acescence.

D'après M. Chaptal comme d'après M. Liebig, lorsque la fermentation alcoolique n'a pas transformé toutes les matières organiques qui étaient contenues dans le moût du vin, la présence de ces matières permet à l'alcool du vin d'absorber l'oxygène de l'air et l'acescence est produite par cette combinaison chimique.

Opinion nouvelle.

D'après M. Pasteur, cette manière de voir serait tout-à-fait inacceptable et la fermentation acétique, quoique ne pouvant avoir lieu dans un liquide privé de matières azotées, s'accomplit cependant exclusivement sous l'influence d'un être organisé, le *mycoderma aceti.*

Entre la théorie ancienne et la théorie nouvelle il y a cette différence que Chaptal et Liebig placent la propriété de condensation et le transport de l'oxygène de l'air dans les matières azotées du vin, ou de la bière, tandis que M. Pasteur prétend que cette propriété réside dans le végétal microscopique appelé *mycoderma aceti,* et que toutes les fois qu'il y a dans le vin ou la bière formation d'acide acétique, c'est que le *mycoderma aceti* y a pris naissance à l'insu des expérimentateurs.

Preuves à l'appui de la théorie nouvelle.

Sans revenir, dit M. Pasteur, sur les nombreuses preuves expérimentales renfermées dans mon mémoire inséré dans les annales scientifiques de l'école normale, je dois néanmoins faire connaître les observations particulières sur lesquelles je m'appuie pour étendre à l'acescence du vin la conclusion la plus importante de ce mémoire, savoir : qu'il n'y a jamais acescence d'un liquide alcoolique en dehors de la présence du champignon microscopique désigné sous le nom de *mycoderma aceti,* et connu vulgairement sous le nom de fleurs du vinaigre.

L'observation microscopique, dit plus loin M. Pasteur, en parlant des vins d'Arbois, m'a permis de constater que toutes les fois qu'un vin était considéré par un dégustateur habile comme sain et non piqué, les fleurs dont il était recouvert étaient composées de *mycoderma vini très-pur.* Au contraire, et *sans aucune exception,* les fleurs étaient un mélange de *mycoderma vini* et de *mycoderma aceti* lorsque le vin tournait à l'acide.

Cette différence entre l'ancienne théorie et la nouvelle est d'une conséquence très-importante au point de vue de la théorie générale des fermentations, et surtout pour les applications industrielles qu'on peut faire de cette théorie à la conservation des liquides fermentescibles.

Du moment que l'on admet que la présence du *my-coderma aceti* dans un liquide alcoolique est indispensable pour produire l'acescence, comme conséquence naturelle on doit être disposé à adopter les moyens simples et pratiques que l'on indiquera pour détruire et anéantir dans ce liquide les germes du végétal microscopique qui est la cause première de cette altération.

C'est ce côté pratique de la question qui nous a engagé à donner un peu plus de développement aux faits qui servent de base à la nouvelle théorie.

Maladies des vins tournés, qui ont la Pousse.
Caractères de cette maladie.

Voici, d'après M. Pasteur, quels sont les principaux caractères de cette maladie, qui avec celle de l'acescence sont celles qui provoquent le plus rapidement la décomposition du vin.

« Le vin affecté de cette maladie, le tour ou la
« pousse, est plus ou moins trouble, et si on l'agite
« dans un tube de deux à trois centimètres de dia-
« mètre, on y voit des ondes soyeuses se déplacer et
« se mouvoir en divers sens. Le tonneau est-il bien
« plein, il n'est pas rare de voir des suintements

« aux joints des douves; les fonds mêmes des ton-
« neaux peuvent bomber. Si l'on pratique un fosset,
« le vin jaillit avec force et très-loin. De là l'expres-
« sion vulgaire il a la pousse. Versé dans un verre,
« on aperçoit souvent sur les bords une couronne
« de très-petites bulles à la surface du vin. Exposé à
« l'air, sa couleur change, elle se fonce, le trouble
« du vin paraît augmenter. La saveur est, en outre,
« plus ou moins altérée; elle prend quelque chose
« de fade. »

Tous les auteurs qui ont écrit sur les vins tournés, attribuent cette maladie à la lie qui remonte. Ils croient que le dépôt que l'on trouve, en quantité variable, au fond du tonneau, se soulève et se répand dans la masse du vin.

M. Pasteur énumère diverses circonstances qui lui ont permis « de constater que le trouble du vin tourné
« est dû, sans aucune exception, à la présence de
« filaments d'une extrême ténuité qui ont souvent
« moins de $\frac{1}{1000}$ de millimètre de diamètre, et de
« longueur variable. Quant à la lie du tonneau, ce
« n'est point de la lie ordinaire, mais un amas de ces
« filaments souvent très-longs, tous enchevêtrés les
« uns dans les autres, formant ordinairement une
« masse noirâtre, glutineuse. »

Cette fermentation, comme la fermentation alcoo-lique, donne lieu à la production d'une grande quan-tité de gaz acide carbonique, qui commence par saturer le liquide, et dont l'excédant se dégage lorsque sa tension peut vaincre la pression atmosphérique.

Si le vase qui contient le vin malade est bien bouché, le gaz ne peut se dégager et la pression augmentant donne lieu au phénoméne de la pousse dont nous venons de parler ci-dessus.

Quelle que soit la pression à laquelle est soumis le vin, dès que la tension du gaz devient suffisante pour la vaincre il occasionne en se dégageant des mouvements intimes dans le liquide qui tendent à mélanger la lie avec le vin : de sorte que la maladie, au lieu d'être due à la présence de la lie dans le vin, provoque ce mélange.

Nous avons eu la preuve qu'un vin qui a la pousse est saturé de gaz, et que ce gaz est de l'acide carbonique, à la suite de l'expérience que voici et que tout le monde peut répéter :

Nous faisions chauffer au bain-marie un flacon contenant du vin attaqué de la pousse; la température du liquide était assez élevée pour qu'on ne pût toucher impunément le flacon. En ce moment nous aperçûmes qu'il s'échappait du liquide de véritables torrents de gaz. Comme nous n'avions pas de thermomètre à notre portée et que nous ne pouvions apprécier exactement la température du vin, nous craignîmes d'être arrivés au point de la distillation. L'odorat ne nous indiquait pourtant pas la présence de vapeurs alcooliques, mais pour mieux nous convaincre, nous approchâmes une allumette du goulot du flacon, cette allumette s'éteignit aussitôt, et l'expérience donna toujours le même résultat.

Nous devons ajouter que la maladie du tour ou de la pousse, que l'on appelle également l'échaudé dans l'Hérault, a pour résultat, si on la laisse parcourir toutes ses phases, de détruire complétement le tartre contenu dans le vin, et à la suite celui qui est adhérent aux parois des tonneaux et qu'enfin les lies de ce vin, quoique très-abondantes, ne renferment pas de tartre.

La maladie du tour ou de la pousse est donc constituée par une fermentation due à un ferment spécial, et c'est sous l'influence du développement de ce parasite que la limpidité du vin, sa saveur et sa qualité éprouvent des changements si prononcés. La preuve pour nous que cette théorie est vraie, c'est que le chauffage guérit toujours les vins affectés de cette maladie.

Maladies de la Graisse, de l'Amertume. — *Cause commune à ces Maladies.*

Nous ne décrirons pas ici les caractères de ces diverses maladies et nous nous contenterons de dire que, selon M. Pasteur, elles n'apparaissent pas dans le vin, comme on l'avait cru jusqu'ici, sous l'influence de causes inconnues; mais qu'elles sont la conséquence du développement dans ce liquide d'un parasite végétal microscopique, spécial à chacune de ces maladies, et que c'est à la multiplication de ces parasites dans le liquide alcoolique qu'il faut attribuer toutes les fermentations qui altèrent et décomposent le vin.

§ 4. — *Opinion de quelques savants sur les causes des fermentations.*

Suivant M. Dumas, le rôle que joue le ferment, tous les animaux le jouent : c'est un être organisé. Tous ces êtres consomment les matières organiques, les dédoublent et les ramènent vers les formes plus simples de la chimie minérale.

Dans la théorie de M. Béchamp, les ferments organisés sont des êtres vivants, soumis aux lois de la physiologie générale; ils digèrent, se nourrissent, se désassimilent et meurent.

M. Ladrey, professeur à la faculté de Dijon, qui s'est beaucoup occupé d'œnologie, dans son ouvrage intitulé l'*Art de faire le vin*, s'exprime ainsi :

« Une fermentation est pour nous un phénomène
« chimique lié d'une manière intime à l'existence d'un
« être organisé et vivant. Les modifications que l'on
« observe dans la composition du milieu, au sein
« duquel vit cet être organisé, sont la conséquence
« de ses fonctions. »

« Or, aucun être vivant ne se développe, ni dans un

« liquide, ni dans tout autre milieu qui ne le con-
« tient pas, si cet être n'y est pas introduit tout for-
« mé ou si l'on ne dépose pas à la surface ou dans
« l'intérieur de ce milieu les germes propres à le re-
« produire.

« Nous sommes ainsi conduits à admettre que
« toutes les fois que nous voyons des phénomènes de
« fermentation se manifester dans un liquide conte-
« nant des substances propres à les entretenir, mais
« ne renfermant pas l'être qui les détermine, c'est
« que ce liquide a trouvé soit dans l'air, soit dans les
« corps avec lesquels il a été mis en contact, quel-
« ques-uns des germes susceptibles de lui donner nais-
« sance. Ceux-ci rencontrant des conditions favo-
« rables, se sont immédiatement développés et ont
« produit, comme conséquence de leur vie, les phé-
« nomènes qui caractérisent cette fermentation. »

Nous savons que la théorie de M. Pasteur est conforme à celle des savants que nous venons de nommer , et l'on peut dire qu'il est admis que toutes les
fermentations que l'on observe dans les liquides alcooliques, sont déterminées par l'existence et le développement dans ces liquides d'êtres organisés, ou
végétaux microscopiques de la nature des ferments,
et que toutes les modifications et altérations que l'on
observe à la suite de ces fermentations, reconnaissent
pour cause unique l'existence et la multipliation de
ces êtres parasites.

§ 5. — *Fermentations.* —*Résumé.*

Toutes les fois qu'une fermentation se produit dans un liquide alcoolique, il y a décomposition d'un ou de plusieurs des éléments qui le constituaient, et formation d'une matière nouvelle composée d'éléments différents de la première.

Ainsi la fermentation alcoolique décompose le sucre contenu dans le jus ou moût de raisin, et le transforme en gaz acide carbonique qui passe dans l'atmosphère, et en alcool, lequel se combinant avec les autres éléments non transformés qui composaient le jus de raisin, forme le nouveau corps que nous appelons vin.

De même que la fermentation alcoolique a fait le vin en transformant la partie sucrée du moût en alcool, une autre fermentation pourra se produire dans le vin, décomposer un ou plusieurs des éléments dont il est formé et créer des produits nouveaux.

Ainsi la fermentation acétique par la décomposition de l'alcool du vin en acide acétique changera le vin en vinaigre.

Une fermentation plus intense, qui décomposerait la majeure partie des éléments du vin, produirait la putridité.

D'autres fermentations peuvent produire sur les vins des transformations plus ou moins profondes.

Elles altèrent ou décomposent tantôt la partie colorante, tantôt le tanin ou la terre, et le plus souvent plusieurs de ces éléments à la fois.

Toutes ces fermentations sont produites par la multiplication dans le vin de végétaux microscopiques de la nature des ferments, dont les germes existent en grand nombre dans l'atmosphère, d'où ils passent dans le vin, soit directement, soit après avoir été déposés sur les raisins ou dans les récipients destinés à recevoir la vendange ou le vin.

Les germes de ces ferments peuvent rester à l'état de vie inerte ou latente, sans produire aucun effet fâcheux sur le liquide, tant que des circonstances favorables à leur existence, telles que, une certaine élévation de température, le contact de l'air, etc., n'ont pas permis leur développement et leur multiplication.

Cette multiplication de ferments au sein du liquide provoque l'altération ou la décomposition du vin, soit par la soustraction de ce qu'ils lui enlèvent pour leur nourriture, soit par la formation de produits nouveaux provenant des résidus des éléments qu'ils ont consommés.

CHAPITRE II

PRÉCAUTIONS A PRENDRE PENDANT LA FABRICATION DU VIN, POUR QUE SA CONSTITUTION NE SOIT PAS FAVORABLE AU DÉVELOPPEMENT DES FERMENTS.

Les fermentations alcooliques dans la cuve ou dans le tonneau ne se conduisent pas toujours avec la régularité de celles qu'on observe dans les laboratoires. Un manque ou un excès de chaleur, des raisins trop mûrs ou trop verts, pourris, couverts d'efflorescences ou vasés, peuvent être ensemble ou séparément des causes suffisantes pour enrayer la fermentation alcoolique, la rendre irrégulière et imparfaite et produire un vin qui non-seulement contienne des germes de ferments, mais offre encore à ces germes un milieu favorable à leur multiplication.

Dans certains vins du midi de la France, très-riches en parties saccharines, la fermentation alcoolique, quelque prolongée qu'elle soit, est impuissante à en transformer la totalité en alcool. Les vins contiennent alors un excès de sucre libre, qui à la moindre évaporation d'alcool, à la moindre élévation de température, tendent à rentrer en fermentation. Les fermentations alcooliques successives sont un inconvénient en elles-mêmes, en ce sens que tant qu'elles durent le vin n'est pas fait et est invendable, mais elles peuvent avoir des conséquences plus graves, parce que d'un côté l'augmentation de température qui en est la suite, d'un autre, le mélange qu'elles provoquent forcément entre la lie et le vin peuvent déterminer des fermentations de mauvaise nature, soit concomitantes, soit consécutives. Enfin les cuvages trop prolongés, en exposant les marcs au contact de l'air, peuvent produire l'acétification ou l'altération de la partie du chapeau qui ne plonge pas dans le vin, et introduire ainsi dans ce liquide des germes de mauvaise nature.

Le savant praticien œnologue M. Casalis-Allut, s'exprime ainsi sur les inconvénients d'une fermentation incomplète : un vin qui a terminé sa fermentation alcoolique dans de bonnes conditions et qui reçoit ensuite les soins convenables est, on peut le dire, à l'abri de toute maladie; tandis que celui dont la fermentation a été irrégulière ou incomplète est exposé à chaque changement de saison ou de température à de nouvelles fermentations qui l'usent, le détériorent, le font souvent passer à l'aigre ou lui procurent d'autres maladies dont il est difficile de le guérir.

« Quelle profusion de germes, dit M. Pasteur, n'in-

troduit-on pas dans une cuve de vendange! Que
d'altérations diverses ne rencontre-t-on pas dans
tel ou tel grain que mille causes ont pu entr'ouvrir
et qui ont été le siége de fermentations et de putré-
factions de diverses natures! Et quel nombre effrayant
de germes apportés par l'air et attachés dans la couche un peu cireuse de la surface extérieure des grains
de raisin! »

M. Thénard met au nombre des causes principales
qui peuvent influer sur le manque de solidité de certains vins, de contenir à la fois peu d'alcool, peu
d'acides et peu de tanin : trois principaux éléments
conservateurs du vin.

Cette remarque de M. Thénard peut expliquer
jusqu'à un certain point, pourquoi tous les procédés
connus de conservation des vins, collages, soutirages, méchages peuvent être impuissants contre la
tendance de certains vins à se gâter. Ou ils manquent
lors de la fabrication d'un des trois éléments conservateurs, ou, s'ils les possédaient alors, les fermentations postérieures de mauvaise nature, provoquées par le défaut de soins qu'on leur a donnés, en
ont anéanti un ou plusieurs.

Toutes les conditions fâcheuses que nous venons
d'énumérer sont autant de causes qui rendent la
composition du vin imparfaite et le prédisposent à
favoriser le développement des germes qui se sont
introduits ou s'introduiront plus tard dans le vin.

D'où l'on peut conclure que pour qu'un vin ait une constitution peu favorable au développement des fermentations secondaires, il faut :

1° Que les raisins soient sains, non pourris ou moisis, et sans mélange de matières étrangères;

2° Que les raisins, lors de leur cueillette, aient un certain degré d'acidité, qui diminue constamment avec leur maturité. Cette acidité ou verdeur contribue à l'accomplissement régulier de leur fermentation alcoolique et constitue un des principaux éléments conservateurs des vins (*) ;

3° Que la fermentation dans la cuve soit de courte durée (Voir la note A à la fin du volume.);

4° Dans le cas où les cuvages se sont prolongés, il est indispensable d'enlever, avant le pressurage, toute la partie du chapeau qui était en contact avec l'atmosphère, et de ne pas mêler en outre le vin de presse avec le vin fin.

Cette dernière précaution qui est de rigueur lors-

(*) Il est reconnu que le moût provenant de raisins un peu acides fermente rapidement, et que le vin résultant de cette fermentation est pour ainsi dire inaltérable.

M. Casalis-Allut est, à notre connaissance, le premier qui ait enseigné, dès 1837, que pour avoir des vins de bonne conservation, il fallait, surtout dans le midi de la France, procéder à des vendanges précoces. Le commerce de Cette, qui avait promptement reconnu la vérité de cette doctrine, a puissamment contribué à la vulgariser, en recherchant de préférence les vins qui avaient de la verdeur.

que les cuvages ont été prolongés est, selon nous, inutile lorsqu'ils ne durent que quelques jours.

Le comte Odart, notre maître à tous en fait d'œnologie, a établi cet axiôme : *Les vins bien faits ne sont jamais malades.*

La bonne fabrication des vins se présente donc comme le moyen le plus simple et le plus efficace pour assurer leur conservation. Mais il y aura toujours des vignerons ignorants, apathiques ou négligents, et par suite des vins mal faits. Dans ce cas, des fermentations de mauvaise nature ne tardent pas à se manifester au sein de ces liquides, une décomposition de leurs principes en est la conséquence, et si l'on n'y apporte un prompt secours, ils sont bientôt perdus sans ressource. Le vinage, le collage et le soutirage produisent souvent de bons effets, mais il arrive aussi qu'ils sont impuissants pour arrêter le mal.

Nous verrons plus loin que là où tous les procédés connus sont insuffisants, le chauffage réussit presque toujours, parce qu'il attaque la vraie cause du mal en anéantissant les ferments eux-mêmes qui provoquaient la décomposition du vin.

CHAPITRE III

Procédés de conservation employés jusqu'a ce jour.

---

§ 1. — *Importance de ces procédés.*

Nous avons étudié dans les chapitres qui pré-
cèdent l'origine, la nature et le développement des
maladies des vins; nous avons fait un exposé simple
et rationnel des phénomènes qui les accompagnent
et s'accomplissent tous les jours sous les yeux du
vigneron. Cette étude aura fait disparaître dans son
esprit les doutes qu'il pouvait encore avoir sur les
véritables causes qui provoquent les maladies du
vin. Bien convaincu désormais que toutes les altérations que l'on observe dans ce liquide, sont corréla-
tives de la présence de végétaux microscopiques
de la nature des ferments, connaissant parfaitement le but qu'il veut atteindre, il appliquera avec
plus de discernement les procédés qui sont reconnus
les plus propres à débarrasser le vin des ennemis
invisibles qui sont les seules causes de son altération.

Nous allons donc passer à l'examen des procédés

les plus connus et le plus communément employés pour la conservation des vins.

« Un usage quelconque, dit M. Pasteur, lorsqu'il est généralement suivi est le fruit d'une expérience raisonnée, il y a utilité à ne point s'en écarter, et la connaissance des phénomènes qui s'y rattachent n'est vraiment complète que lorsqu'on peut en donner scientifiquement l'explication. »

Un peu de réflexion démontrera que tous les traitements que l'on fait subir au vin pour le conserver, et dont nous allons parler, se rapportent à la théorie que nous avons donnée plus haut ; ils ont tous en effet pour but ou du moins pour conséquence, quelquefois à l'insu de ceux qui les emploient, soit de séparer de la masse du vin les ferments qu'elle contient, comme le soutirage, le collage, le filtrage, soit de détruire ces mêmes ferments, comme l'avinage et le soufrage, soit enfin d'empêcher de nouveaux germes de s'y introduire, comme l'appropriation des tonneaux et l'ouillage.

§ 2. — *Soutirage.*

Le soutirage est une opération par laquelle ou sépare la portion liquide du vin de la partie boueuse qui s'est précipitée au fond du tonneau et qui forme la lie.

L'expérience a appris au vigneron que c'est surtout dans la lie que résident les éléments d'altération du vin : aussi, lorsque le dépôt est bien formé, il s'empresse de l'isoler par le soutirage de la partie limpide.

Ce que nous avons dit des causes des maladies des vins fera facilement comprendre à nos lecteurs les avantages qui, selon M. Pasteur, résultent de cette opération :

« Rien de plus rationnel que cette vieille coutume
« léguée par la sage prévoyance de ceux qui nous
« ont précédé et qui conseille de soutirer les vins en
« temps convenable pour en éloigner les dépôts.
« Lorsque le mycoderme parasite, l'agent provoca-
« teur de la fermentation, n'a pris qu'un développe-
« ment relativement faible, on le rencontre de pré-
« férence dans le fond du tonneau ; dans ce cas le
« vin n'est pas encore assez altéré pour être réputé
« malade ; mais si les conditions de son développe-
« ment deviennent plus favorables, il pourra être
« porté par les bulles de gaz qui le soulèveront du
« fond du tonneau. On pourra alors dire avec rai-
« son que la lie remonte dans le vin. »

Le soutirage est donc un bon procédé de conservation des vins parce qu'il sépare de la masse du liquide les germes des ferments qui s'étaient déposés avec les autres éléments insolubles, et fait disparaître les causes de fermentation qui plus tard pourraient provoquer l'altération du vin.

Nous ferons toutefois observer que le soutirage ne peut être considéré comme un procédé infaillible pour préserver le vin de toute altération ultérieure. Il sépare il est vrai de la masse du liquide les ferments de toute nature qui s'étaient déposés avec les lies, mais il est impuissant pour anéantir les germes flottants qui se trouvent mêlés avec la partie liquide.

§ 3. — *Collage.*

Le collage a pour but de provoquer le dépôt complet de toutes les matières étrangères disséminées et suspendues dans la masse du vin; matières qui, comme la lie, contiennent souvent les germes de ferments de mauvaise nature.

On obtient ce résultat en mélangeant intimement certaines substances gélatineuses ou albumineuses (sang, glaires d'œuf et colle de toute espèce), dans la masse du vin à clarifier; l'alcool, les acides et le tanin que le vin contient provoquent la coagulation de ces matières, lesquelles, en vertu de leur densité, tendent à se précipiter au fond du tonneau, entraînant avec elles les matières étrangères qui flottaient suspendues dans le vin.

On comprend, dit M. Ladrey, dans son ouvrage sur l'art de faire le vin, combien cette opération du collage est utile pour séparer le ferment qui s'y trouve mélangé, et peut par conséquent diminuer

les chances d'une nouvelle manifestation des phénomènes qui caractérisent les fermentations.

Mais pour obtenir une réussite complète de l'opération, il est nécessaire que le vin reste après le
collage dans un état absolu de repos. A plus forte
raison, si une réaction permanente, si une continua-
tion de fermentation détermine au sein du liquide
une agitation sensible, les effets physiques que devait produire le collage sont tout à fait entravés.

Il en résulte qu'il ne faut pas s'obstiner à produire
une clarification qu'on n'obtiendrait jamais dans
cette condition. Le seul moyen d'arriver à clarifier
le liquide consiste dans un chauffage préalable du
vin à coller. La réussite devient alors infaillible. En
effet, le collage est impuissant à clarifier un vin en
fermentation ; d'un autre côté, le chauffage préalable
a pour conséquence précisément d'anéantir dans le
vin toutes les végétations microscopiques, et l'expérience a démontré qu'il arrêtait toutes les fermentations ; il est donc incontestable, qu'après le chauffage,
le vin se trouvera dans les meilleures conditions de
calme et de repos, pour que le collage produise un
très-bon effet.

§ 4. — *Filtrage.*

Le filtrage est rarement employé en grand et ne
l'est, le plus souvent, que pour les fonds de barri-

ques qui ont été collées et soutirées. Cependant certains négociants, surtout les vermouthiers, emploient le filtrage à travers une manche en feutre revêtue intérieurement de morceaux de papier sans colle, pour donner rapidement aux vins un degré de limpidité qu'ils n'obtiendraient pas aisément sans cela, ou que du moins ils n'obtiendraient par le repos qu'au bout d'un temps assez long.

Quelques négociants clarifient aussi leur vin par un procédé qui a du rapport avec le filtrage et qui peut être employé, même lorsqu'on a à traiter de très-grandes quantités de vin.

Ce procédé peu répandu et qui donne des résultats que ceux qui l'emploient ne s'expliquent pas facilement, consiste à laisser séjourner quelque temps le vin dans un tonneau rempli de copeaux de hêtre ou de quelques autres essences de bois.

Il est certain que ce procédé est très-recommandable, qu'il donne aux vins les plus louches la plus grande limpidité, pourvu qu'ils ne soient pas en fermentation.

Pour se rendre compte des effets de cette opération, il est nécessaire de se faire une idée bien nette de ce qui se passe dans le filtrage.

La plupart des personnes qui emploient le filtrage se font, croyons-nous, une idée très-fausse du phénomène physique qui a lieu dans cette opération.

En général on se représente un filtre comme un

filet à mailles très-étroites, et qui oppose un obstacle absolu au passage des molécules en suspension dans le liquide à filtrer.

Pour nous, nous pensons qu'il y a surtout dans le filtrage un phénomène d'attraction moléculaire, et que le corps du filtre attire à lui et retient, par l'influence de ladite attraction, bien des molécules assez ténues pour trouver un passage suffisant si l'attraction n'intervenait pas.

En un mot il suffit, d'après nous, pour qu'une molécule extrêmement ténue soit arrêtée, qu'elle passe à proximité d'une surface quelconque.

Étant donc donné un liquide qui contient en suspension un certain nombre de particules étrangères, il suffit de le mettre dans des conditions telles qu'à un moment donné, chacune de ces molécules soit à proximité d'une surface pour que le liquide soit clarifié.

C'est, croyons-nous, pour cela que le vin qui a traversé un tonneau rempli de copeaux de bois, sort dudit tonneau très-limpide, quelque trouble qu'il fût à son entrée.

Il est si vrai que les copeaux de bois ne tirent leur propriété clarifiante que de l'énorme développement de surface qu'ils offrent pour attirer les molécules en suspension dans le vin, que nous avons obtenu le même résultat en mettant dans le liquide du sable très-fin, et agitant doucement le vase pour promener le sable dans toute la masse. Ce dernier moyen de filtrage est même tellement énergique, que si on l'emploie sans précaution il décolore le vin.

On nous dira peut-être : mais si la nature du bois n'est pour rien dans son aptitude pour clarifier le vin une fois réduit en copeaux, pourquoi emploie-t-on certaines essences à l'exclusion de telles autres? La moindre réflexion fera voir que le choix des bois est déterminé par d'autres considérations tirées de son prix d'achat, de la facilité qu'il a à être mis en copeaux, de sa densité, et, par-dessus tout, de la condition qu'il ne renferme aucun principe soluble qui, introduit dans le vin, puisse le rendre désagréable ou malfaisant.

Nous pensons même que le collage opère d'une façon analogue, c'est-à-dire que l'albumine ou la gélatine une fois coagulées et rendues insolubles par l'alcool ou le tanin, n'agissent plus que comme le sable de notre expérience, ayant seulement sur ce dernier l'avantage de ne tomber que très-lentement au fond du tonneau, et de donner ainsi aux particules en suspension le temps de subir l'attraction moléculaire qui les associe aux flocons de gélatine ou d'albumine, par lesquels elles sont entraînées, et qu'elles contribuent elles-mêmes à précipiter plus vite en augmentant leurs masses

Quoi qu'il en soit, on comprend aisément qu'en séparant du vin toutes les molécules en suspension,

le filtrage, de quelque manière qu'on l'opère, le débarrassé ainsi que le collage des ferments microscopiques qu'il contenait et doit par conséquent être
considéré comme un très-bon moyen de conservation.

§ 5. — *Méchage ou Soufrage.*

Le méchage consiste à faire brûler dans les tonneaux des mèches imprégnées de soufre, lequel en
brûlant se combine avec l'oxygène de l'air et produit
du gaz acide sulfureux. Ce gaz, outre qu'il est impropre à la combustion et à la respiration, est encore un
toxique énergique pour les animaux et pour les végétaux, et par conséquent pour les germes et les ferments de toute nature qui se trouvent soit dans l'air
superposé au vin du tonneau, soit dans les vins même,
car ce gaz, comme chacun sait, est soluble dans ce
liquide presque à toute proportion.

« Nous savons, dit M. Ladrey, qu'il existe des substances qui, mélangées avec une liqueur fermentes-
cible, peuvent empêcher le développement des phénomènes de la fermentation. Ces substances agissent,
soit en détruisant les germes des ferments, soit en
modifiant le milieu dans lequel ils doivent vivre, de
manière à empêcher leur végétation.

L'acide sulfureux jouit, comme nous venons de le
dire, de cette propriété à un très-haut degré. Si on

dissout de l'acide sulfureux dans une liqueur contenant tout ce qu'il faut pour que la fermentation s'y établisse, ou bien dans laquelle la fermentation s'est déjà développée, cette opération sera tout à fait enrayée et la liqueur conservera sa composition et ses propriétés premières.

Nous devons ajouter cependant que l'emploi de cet agent de conservation du vin est limité, parce que, mélangé à haute dose avec ce liquide, il peut lui communiquer un mauvais goût, et surtout altérer profondément sa couleur.

§ 6. — *Avinage.*

L'Avinage consiste dans l'addition d'une certaine quantité d'alcool au vin dans lequel on veut prévenir ou arrêter les fermentations secondaires.

Cette addition d'alcool modifie les éléments dont se composait le vin, et les germes des mycodermes parasites ne trouvant plus dans ce milieu ainsi modifié les conditions favorables à leur existence, aucune fermentation ne peut s'y produire.

Cette addition d'alcool est non-seulement utile, mais elle était considérée, avant les études de M. Pasteur, comme indispensable pour empêcher l'altération et la décomposition de certains vins du Midi, dont toute la partie sucrée n'a pas été convertie en alcool pendant leur fermentation vineuse.

On reproche à ce procédé de conservation d'être dispendieux, de dénaturer les vins, de leur communiquer un goût alcoolique et de les rendre moins hygiéniques.

Ces reproches sont fondés, même pour les vinages qui n'ont d'autre but que la conservation du vin, et qui ne dépassent pas deux ou trois pour cent d'alcool.

Les vinages plus énergiques au moyen desquels on introduit de l'alcool dans le vin, jusqu'à ce qu'il en contienne 18 pour cent, ne sont employés que dans le but de se procurer la faculté de le dédoubler au lieu de consommation. Évidemment le chauffage n'a rien de commun avec cette dernière opération, mais quant au vinage exclusivement conservateur, il peut, d'après nous et d'après les œnologues, être remplacé avantageusement par le chauffage, au triple point de vue de l'économie de l'hygiène et de la qualité des vins.

§ 7. — *Ouillage.* — *Remplissage.*

L'Ouillage est un procédé de conservation des vins qui consiste à combler le vide qui se manifeste dans les tonneaux après un premier remplissage, vide qui provient de l'évaporation du liquide, ou de sa concentration par suite de son refroidissement.

Nous avons suffisamment expliqué qu'en dehors de

la fermentation alcoolique qui fait le vin, il se manifeste souvent, dans le sein de ce liquide, des fermentations secondaires de mauvaise nature, qui sont
toujours la conséquence de l'existence et de la multiplication de végétaux microscopiques de la nature
des ferments.

Quelques-uns de ces cryptogames parasites ne
peuvent vivre et se multiplier qu'à la surface du vin
en contact avec l'atmosphère ; le *mycoderma aceti* est
de ce nombre ; l'air est indispensable à son fonctionnement vital. Pour qu'il se développe librement, il est
nécessaire qu'il puisse absorber l'oxygène de l'air, afin
de le porter sur l'alcool du vin dont il se nourrit, en
provoquant sa décomposition en eau et en acide acétique.

Cet acide qui ne se forme qu'à la surface recou-
verte de *mycoderma aceti*, tombe par son excès de
pesanteur spécifique dans la masse du vin qu'il par-
vient à gâter complétement.

On comprendra donc aisément, que plus il y a de
surface en contact avec l'air, plus, pour ainsi dire, le
champ dans lequel peut croître et se multiplier ce
parasite a de surface, plus sa production et celle de
l'acide acétique seront abondantes.

L'Ouillage est donc un procédé essentiellement
utile ; mais dans notre pensée, c'est surtout et peut-
être exclusivement l'acescence que cette opération
prévient. Cependant comme cette maladie est très-

commune et très-dangereuse, l'ouillage ne saurait être trop recommandé.

Jusqu'à présent on a cru que les bons effets de l'ouillage étaient dus à ce qu'il préservait le vin du contact de l'air, considéré comme fatal pour ce liquide. Telle n'est pas notre opinion ; nous croyons, avec M. Pasteur et d'après nos expériences, que l'air n'est nuisible pour le vin qu'en servant de véhicule pour y introduire des ferments de diverses natures, et qu'en favorisant le développement du *mycoderma aceti.*

Nous prouverons au contraire, en traitant du vieillissement du vin, que l'oxygène de l'air est indispensable à ce liquide, pour lui faire acquérir toutes ses qualités et compléter les phases de son existence, et de plus par l'action qu'il exerce sur ses principes et notamment sur la partie colorante, il peut, s'il est employé avec certaines précautions, devenir un agent très-utile pour provoquer rapidement son vieillissement.

§ 8. — Appropriation des tonneaux.

Enfin, tous les auteurs qui ont écrit sur le vin attachent la plus grande importance à l'appropriation des tonneaux dans lesquels on le met, soit au moment de la décuvaison, soit après les soutirages.

Ils recommandent tous de les laver jusqu'à ce

qu'ils aient une très-grande propreté, et de les mécher fortement avant d'y introduire le vin.

Ces précautions sont tellement élémentaires qu'il n'est aucun vigneron qui ne les admette comme indispensables.

Il est facile de faire découler ce précepte de la théorie des ferments que nous admettons comme base de la science vinicole. Pour nous, toutes ces précautions ont pur but et pour résultat d'empêcher qu'en s'introduisant dans le tonneau, le vin ne s'y trouve en contact avec des germes qui pourraient donner lieu à des fermentations de mauvaise nature.

Aussi croyons-nous devoir insister sur l'appropriation et le méchage des tonneaux, alors même qu'ils doivent être remplis avec du vin chauffé.

CHAPITRE IV

NOUVELLE MÉTHODE DE CONSERVATION DES VINS PAR LE
CHAUFFAGE.

OPINION DE DIVERS SAVANTS ET EXPÉRIENCES.

§ 1. — *M. Pasteur.*

« La connaissance des causes des maladies des
« vins nous donne, dit M. Pasteur, des vues bien
« nettes sur les conditions à remplir pour leur con-
« servation. Les maladies des vins sont dues à des
« ferments organisés ou végétations parasites dont
« j'ai fait connaître les caractères, et tous les vins
« renferment des germes de ces ferments vivants.
« Cela étant, et personne, que je pense, ne conteste
« cette première base de mes études, j'ai cherché
« s'il ne serait pas possible de priver ces germes de
« leur vitalité par la chaleur sans altérer le vin, de
« façon à s'opposer au développement de ces mala-
« dies. L'expérience a confirmé ces déductions logi-
« ques. Ainsi est né le procédé de conservation dont
« il s'agit, procédé très-rationnel, comme on le
« voit.

« J'ai obtenu d'excellents effets de cette pratique
« aussi simple que peu dispendieuse, et qui offre le
« grand avantage de ne nécessiter l'addition d'au-
« cune substance étrangère. Pour détruire leur vita-
« lité dans les germes des parasites du vin, il suffit
« de porter le vin pendant quelques minutes à une
« température de 50 à 60 degrés. J'ai reconnu en
« outre que le vin n'est jamais altéré par cette opé-
« ration préalable et que ce procédé réunit les condi-
« tions les plus avantageuses.

« D'autres études analogues m'ont fait reconnaître
« qu'alors même qu'une maladie est en pleine acti-
« vité dans le vin, l'application de la chaleur l'ar-
« rête au point où elle était arrivée.

« Enfin je m'appliquai à rechercher, sur un grand
« nombre de sortes de vins, si la chaleur ne faisait
« pas subir au vin, comme on le croyait générale-
« ment, des modifications particulières; en d'autres
« termes, si la couleur du vin, sa limpidité, sa saveur,
« son bouquet, ne recevaient pas, du fait du chauf-
« fage préalable, une atteinte qui restreindrait sin-
« gulièrement l'utilité de la pratique du chauffage. »
L'appréciation des hommes les plus compétents,
des dégustateurs émérites, réunis à la sollicitation
de M. Pasteur, pour déguster et comparer un grand
nombre d'échantillons de vins chauffés et non chauffés, fut favorable aux vins chauffés. A quelques rares
exceptions près, ces dégustateurs reconnurent :

1° que la qualité et la couleur des vins étaient généralement améliorées par l'effet du calorique; 2° que
l'opération du chauffage peut prévenir et même
guérir les maladies qui sont la cause des altérations
des vins; 3° enfin, il constatèrent que les vins chauffés étaient plus robustes et se montraient le plus souvent inaltérables, bien qu'ils fussent mis en vidange.

§ 2. — *M. Dumas.*

Le Comité central de Sologne, dans sa séance d'au-
tomne 1864, avait, sur la proposition de son président, M. le Sénateur Boinvilliers, voté une médaille
d'or de 1,000 fr. à l'inventeur d'un procédé qui serait
rendu public, et qui permettrait aux vins de France
les transports de terre et de mer et le séjour prolongé
en tout pays, sans que le goût ou le parfum en fût
altéré.

Une commission, sur le rapport de laquelle le prix
devait être décerné, avait été désignée par le président. Elle se composait de MM. le Maréchal Vaillant,
président, Dumas rapporteur, Brogniard et Moll.

Le 10 mai 1866, le Comité s'étant réuni au château
impérial de Lamotte-Beuvron, la première partie de
la séance fut consacrée à la lecture du rapport de
M. Dumas, dont nous allons reproduire les principaux passages à cause de son importance pour la
solution pratique du chauffage des vins.

Rapport de M. Dumas. (Extrait du Moniteur.)

« Votre commission n'hésite pas à déclarer que
« les travaux de M. Pasteur, membre de l'Académie
« des sciences, ont porté la plus vive lumière sur les
« causes qui déterminent les altérations des vins,
« ainsi que sur les moyens qui permettent de
« les combattre, pratiquement, avec certitude et
« avec succès; qu'en conséquence il y a lieu de
« lui décerner la médaille d'or promise par le Co-
« mité.

« En effet, M. Pasteur, à l'aide d'une série d'ex-
« périences dirigées avec le sentiment profond des
« lois de la nature et la connaissance exquise des
« moyens que la science possède pour les mettre en
« pratique, est parvenu à rendre incontestables les
« cinq propositions suivantes :

« 1° Les altérations dangereuses des vins tiennent
« à des causes qui se confondent avec celles aux-
« quelles on attribue les fermentations.

« 2° Il suffit de chauffer les vins ordinaires à 50
« degrés pour faire périr les végétations microsco-
« piques ou ferments qui les produisent. Les fer-
« mentations et toutes les altérations dangereuses
« des vins, dues à ces causes, sont ainsi arrêtées ou
« prévenues.

« 3° L'application de la chaleur dans ces limites ne

« modifie ni la couleur, ni le goût des vins ; elle en
« assure la limpidité.

« 4⁰ Les vins qui ont été soumis à l'action de cette
« température paraissent capables de se conserver
« indéfiniment, sans altération, en vases clos.

« 5⁰ Exposés à l'action de l'air, ces vins peuvent,
« il est vrai, y reprendre la propriété de s'altérer,
« après quelque temps, mais c'est parce que l'air
« leur apporte de nouveaux germes vivants de ces
« ferments qu'ils avaient perdus par l'action de la
« chaleur.

« M. Pasteur a étudié les diverses maladies des
« vins ; nous résumons le résultat de ses études :

« *Vins acides, piqués ou aigres.* — Cette maladie
« est due à la présence du *mycoderma aceti*, qu'il
« ne faut pas confondre avec le *mycoderma vini*,
« lequel n'altère pas le vin, tandis que son congé-
« nère y développe le vinaigre, avec le concours de
« l'air, et le tourne plus ou moins vite à l'aces-
« cence.

« 2° *Vins tournés, montés, poussés.* — Ils doivent
« leur altération à des filaments d'une ténuité ex-
« trême.

« 3° Les autres maladies des vins reconnaissent
« pour cause des ferments particuliers.

« Tous ces végétaux parasitaires et leurs analo-
« gues, qui n'auraient pas été reconnus ou distingués
« scientifiquement, périssent à la température de 65

« degrés, et même de 50. En élevant le vin que l'on
« veut conserver à une température comprise entre
« 50 et 65 degrés, on a donc la certitude que toute
« altération ultérieure de la liqueur, due à l'action et
« à la présence de végétaux vivants, devient impos-
« sible, tant qu'on n'y a pas semé de nouveaux ger-
« mes, soit par l'intervention des poussières de l'air,
« soit par le mélange du vin ainsi préparé, avec des
« liquides qui n'auraient pas été convenablement
« chauffés eux-mêmes.

« La température, pour faire périr les germes dans
« les liquides aqueux, est de 100 degrés environ
« pour la plupart d'entre eux ; elle a même quelque
« fois besoin d'être élevée au-dessus de ce terme,
« quand il s'agit de liquides un peu altérables ; mais
« à l'égard des vins, l'alcool qu'ils renferment favo-
« risant par sa présence l'action purificatrice de la
« chaleur, une température inférieure à 100 degrés
« suffit.

« M. Pasteur, qui avait jugé d'abord nécessaire
« une température de 75 degrés, a peu à peu abaissé
« le chiffre à 65 et à 50 degrés. Il pense qu'on pourra
« encore descendre et s'arrêter vers 45 degrés.

« M. Pasteur s'est assuré que l'air ne joue aucun
« rôle dans les fermentations qui altèrent le vin, la
« fermentation acétique exceptée. Mais il résulte de
« ses expériences que l'air agit sur les vins privés
« de tout ferment, et que, sous l'influence de la lu-

« mière, il les décolore et leur communique le goût
« des vins de Madère.

« La lumière solaire n'agit pas sur les vins mis à
« l'abri de l'air.

« Une Commission nommée par la Chambre Syn-
« dicale du Commerce des vins de Paris, a examiné
« avec la plus scrupuleuse attention les résultats ob-
« tenus par ce savant, et les a sanctionnés de son
« entière et concluante approbation.

« M. Marès, membre correspondant de l'Académie
« des Sciences, vient de mettre en usage, de son
« côté, le procédé de M. Pasteur pour les vins de
« l'Hérault, si altérables qu'on ne peut les garder
« qu'avec des additions successives d'alcool. Il a
« constaté qu'ils se conservent très-bien, dès qu'ils
« ont été chauffés à 60 degrés. Le vinage pourrait
« devenir ainsi une opération inutile.

« Tous les vins peuvent, au moyen du chauffage,
« être convertis en vins de garde; ils deviennent
« propres alors à voyager sans altération; ils restent
« en vidange pendant plusieurs jours sans se trou-
« bler ou s'aigrir. »

A la suite du rapport de M. Dumas, et après une
discussion à laquelle ont pris part M. de Belsague,
M. Guillaumon, député, M. Moll, M. le Préfet du
Cher et M. le Président Boinvilliers, le Conseil a, par
un vote unanime, décerné la médaille d'or à M. Pasteur, membre de l'Institut.

§ 3. — *M. de Vergnette-Lamotte.*

M. de Vergnette-Lamotte, œnologue très-distingué, vient de faire paraître un ouvrage qui éclaire d'une vive lumière toutes les obscurités de la science des vins. Nous allons faire un résumé des opinions qu'il a émises sur les effets du chauffage appliqué à la conservation des vins. Les opinions de M. de Vergnette-Lamotte diffèrent de celles de M. Pasteur, notamment sur certains points qui touchent aux fermentations ou maladies des vins. Cependant M. de Vergnette affirme qu'en dehors de toute théorie, un fait reste acquis à l'œnologie, c'est *qu'un emploi rationnel de la chaleur contribue à la conservation des vins.*

Nous aurons plus d'une fois l'occasion de nous appuyer sur les expériences nombreuses que ce savant œnologue poursuit depuis longues années, et dont il vient de publier le résultat.

La partie de son ouvrage, où il traite de la conservation des vins par la chaleur, offre beaucoup d'intérêt ; seulement, ses essais sur le traitement des vins par le calorique, faute d'un instrument approprié pour opérer sur de grandes quantités, ne pouvaient guère porter que sur des vins en bouteilles. Malgré cela, les expériences de M. de Vergnette n'en sont pas moins très-concluantes parce que, bien conduites et ayant déjà une date ancienne, elles ont permis de constater entre les mêmes vins conservés pendant plusieurs années, des différences toutes à l'avantage des vins chauffés, sur ceux qui n'avaient pas subi cette opération.

« Nous avons admis, dit M. de Vergnette, que les
« vins devenaient malades lorsqu'ils subissaient des
« fermentations que nous avons appelées secon-
« daires, parce qu'elles succédaient, à de longs in-
« tervalles souvent, à la fermentation alcoolique :
« ces fermentations seraient provoquées, d'après les
« théories nouvelles, par le développement d'êtres
« organisés microscopiques, de mycodermes. Jusqu'à
« présent on connaît peu les fonctions physiologi-
« ques de ces ferments, et les différences physiques
« qu'ils accusent ne suffisent pas pour les distinguer.
« Mais, en dehors de toute théorie, un fait reste
« acquis à l'œnologie : c'est *que les vins chauffés se*
« *conservent et ne fermentent plus, tandis que ceux*
« *qui ne l'ont pas été périssent.*

« Les travaux de M. Pasteur sur les mycodermes,
« continue M. de Vergnette, m'ont conduit à examiner
« quelle était l'action de la chaleur sur eux, et nous
« avons trouvé qu'après le chauffage, les dépôts des
« vins paraissaient moins organisés, et que ces my-
« codermes devenaient inertes.

« Dans les expériences que nous avons faites sur
« les vins amers, — de cette amertume qu'accom-
« pagne un goût de fermentation, — les mycodermes

« ne sont pas détruits, mais ils se rassemblent da-
« vantage au fond des bouteilles, et le fait est que
« la *fermentation maladive ne se continue pas.*

« Si nous voulons nous rendre un compte exact
« des effets que le chauffage a sur les vins, il faut
« ne négliger l'examen d'aucun des éléments qui
« peuvent agir en même temps que lui sur les
« liquides spiritueux.

« Il est certain que les effets de chauffage devraient
« très-sensiblement varier, lorsqu'un ou plusieurs
« de ces éléments interviendront dans le problème
« à résoudre. En n'excédant pas, pour chaque qua-
« lité de vin, une certaine température que l'expé-
« rience finira par déterminer d'une manière pré-
« cise, on obtiendra du chauffage les meilleurs ré-
« sultats.

« Ainsi, il est prouvé que la chaleur a divers
« modes d'action sur les vins, suivant qu'elle agit
« sur eux avec le secours de l'oxygène de l'air, de
« la lumière, de l'alcool ou des matières extractives.

« C'est pour n'avoir pas tenu suffisamment compte
« de ces effets qu'il y a eu souvent confusion dans
« les appréciations qui ont été faites sur le chauffage
« des vins.

« Si les procédés d'Appert n'ont pas été généra-
« lisés, si celui de M. Gervais est resté sans applica-
« tion, c'est qu'on a cru que ces méthodes étaient
« toujours applicables, sans tenir compte de la com-

« position et de la nature des vins, et les insuccès
« ont tué la découverte.

« Il est évident pour nous qu'on devra tenir
« compte de toutes ces circonstances lorsqu'on vou-
« dra chauffer des vins ; car, remarquons-le bien, le
« but que nous nous proposons pour le chauffage,
« n'est pas seulement d'assurer leur conservation,
« mais nous voulons encore, sinon les améliorer,
« aviser au moins à les conserver bons.

« Nos travaux déjà nombreux, sur le chauffage
« des vins, n'ont fait que nous confirmer dans notre
« première appréciation, que le chauffage ne réus-
« sissait pas toujours, surtout si on portait la tem-
« pérature à 70 degrés. Comme l'ont observé les
« dégustateurs de la commission de Paris, nous
« avions depuis longtemps reconnu que dans ce cas
« les vins devenaient secs ou maigres.

« Des faits importants et des expériences nom-
« breuses nous ont démontré que, dans le chauffage,
« on altérait d'autant moins le goût des vins qu'on
« opérait à une température moins élevée. Nous
« avons cherché dans quelles limites on pouvait
« appliquer la chaleur à la conservation des *grands*
« *vins*, sans que leurs qualités fussent détruites.
« Nous avons obtenu ce résultat en maintenant la
« température entre 40 et 50 degrés. »

Ainsi d'après M. Pasteur, comme d'après M. de
Vergnette-Lamotte, dont nous venons d'analyser les

opinions, le chauffage appliqué au vin avec les précautions que leurs nombreuses expériences leur ont indiqué comme nécessaires, est une des meilleures méthodes pour sa conservation et son amélioration.

Les essais pratiques tentés par les savants sur des vins en bouteilles et en petites quantités, nous avons pu, au moyen de notre appareil, les répéter sur de grandes masses, et nous sommes arrivés, comme eux, à constater, quoique par des procédés différents, les bons effets du chauffage lorsqu'il est appliqué avec discernement.

§ 4. — *Nos propres expériences.*

Nous n'enregistrerons pas ici toutes les expériences qui ont été faites avec l'appareil que nous avons inventé ; nous allons seulement analyser quelques-unes de celles auxquelles nous avons nous-mêmes présidé, ou dont nous pouvons garantir les résultats.

Au mois de janvier 1867, M. Giret, l'un de nous, avait dans la cave de son domaine d'Amilhac (commune de Servian), une quantité de vins de diverses natures sur lesquels nous résolûmes de faire des essais qui nous serviraient à constater les avantages ou les inconvénients que pourrait présenter notre appareil pour le chauffage de grandes masses de vin, et en même temps obtenir des résultats positifs sur

les effets du chauffage appliqué à la conservation de
ce liquide.

Le premier essai porta sur la quantité de 350 hectolitres de vin, récolte de 1866, logés dans un seul
foudre. Le vin était de bonne qualité et probablement il se serait conservé sans le traitement que nous
lui fîmes subir. Chauffé entre 55 et 60 degrés, le vin
n'éprouva aucun changement notable, ni dans sa
couleur, ni dans sa limpidité. Les dégustateurs et les
commissionnaires qui furent priés de l'apprécier,
comparativement avec un foudre de même qualité,
mais non chauffé, donnèrent la préférence au premier, comme ayant, disaient-ils, plus de brillant et
de finesse. Cette supériorité se maintint jusqu'à la fin
du mois d'août, époque de son enlèvement.

Le deuxième essai porta sur le vin de deux foudres d'une capacité de 700 hectolitres, d'une qualité
médiocre, d'une limpidité qui laissait à désirer; on
n'aurait pu garantir ce vin contre toute maladie ultérieure. Il fut soumis à un chauffage de 60 degrés,
se clarifia au bout de quarante jours environ, et se
conserva sain jusqu'à la fin du mois d'août, époque
de sa livraison. Il est fort douteux qu'il en eût été
ainsi sans l'opération du chauffage qu'il avait subi.

Le troisième essai porta sur 150 hectolitres de
vin de qualité très-inférieure, provenant d'un mauvais cépage du pays, le tarret noir, et composé en
grande partie des vins de presse. Évidemment ce vin

ne se serait pas conservé si l'on n'avait pu lui faire subir l'opération du chauffage. C'était ce qu'on appelle du vin de chaudière.

Deux mois après le chauffage, le vin s'éclaircit, et M. Giret s'étant assuré par des épreuves faites sur des bouteilles en vidange qu'il avait acquis une grande solidité, il résolut de le garder pour la buvette des domestiques de son domaine. Le foudre qui le contenait était, comme nous l'avons dit, d'une contenance de 140 à 150 hectolitres. Il fut mis en perce au commencement du mois de juin de la même année 1867, et jusqu'au milieu du mois de septembre l'on en tira successivement de 70 à 80 hectolitres. Le vin résista parfaitement à cette vidange prolongée, malgré les chaleurs de l'été, et quoique placé dans le même local où se trouvaient en fermentation les cuves de la vendange de 1867.

Les 60 ou 70 hectolitres qui restaient encore dans le foudre furent transvasés fin septembre dans des foudres plus petits, d'où l'on en tira constamment pour les besoins journaliers de la buvette des domestiques, jusqu'à aujourd'hui 1er janvier 1868. Ce vin s'est parfaitement conservé, seulement il a considérablement vieilli.

En résumé, le chauffage a produit de bons effets; les vins provenant des deux premiers essais ont acquis, par l'effet du chauffage, une plus-value notable. Quant aux résultats obtenus par le troisième essai, ils dépassent toutes les espérances qu'on pouvait attendre des effets du chauffage, et sont une preuve évidente de la bonté de cette méthode appliquée à la conservation des vins.

Les résultats des trois expériences ci-dessus furent si satisfaisantes, que M. Giret était disposé à chauffer sans exception tous les vins de sa récolte de 1867 : mais quelque temps après la vendange, il fit vente, au choix de l'acheteur, de la majeure partie de ses vins. Les 1,500 hectolitres environ qui lui restaient ont seuls été chauffés, et deux mois après ils sont devenus aussi brillants et aussi bons que les premiers qu'il avait vendus et qu'on avait choisis comme les meilleurs de sa cave.

M. Ponsonnaille, voisin de campagne de M. Giret, possédait 500 hectolitres vin rouge, récolte de 1867, qui avait une tendance manifeste à se gâter. Des collages et soutirages réitérés avaient été impuissants jusqu'en mai 1868, pour arrêter une fermentation secondaire de mauvaise nature, qui altérait sa couleur et troublait sa transparence. Un chauffage entre 55 et 60 degrés a produit des effets merveilleux. Un mois après l'opération le vin avait perdu tout goût de fermentation et acquis une limpidité parfaite.

M. Lignon, ancien courtier de commerce et propriétaire à Béziers, possédait un tonneau de vin d'une capacité de 150 hectolitres qui était devenu louche; à la dégustation il accusait un état de fermentation,

et au contact de l'air il se décomposait complète-
ment. Ce vin était ce que l'on appelle un vin tourné
ou qui a la pousse. M. Lignon essaya vainement de
vendre son vin au commerce. Ayant appris que le
chauffage pourrait sinon guérir, du moins enrayer
la maladie de son vin, il résolut de lui faire subir ce
traitement. Les résultats obtenus furent les suivants,
que M. Lignon nous a permis et même prié de publier : vingt-cinq jours après le chauffage, son vin
était franc de goût, toute trace de fermentation avait
cessé et il avait acquis une grande limpidité. Mis
dans une bouteille en vidange pendant quinze jours,
il a parfaitement résisté à cette épreuve et a conservé
dans l'échantillon la même limpidité qu'il avait lorsqu'il était sorti du tonneau.

M. Thierri, négociant en vins à Béziers, possède
depuis plus d'un an notre appareil à chauffer les
vins. Dans cet intervalle, il n'a presque jamais cessé
d'en faire usage pour traiter des vins malades, qu'il
a achetés à de bas prix et revendu avantageusement,
après leur avoir fait subir un traitement de chauffage
convenable, et approprié à chaque nature de vin.

Lorsque les vins sont trop profondément altérés et
que leur limpidité tarde trop à se faire, il emploie
successivement le chauffage, d'abord pour arrêter
toute fermentation, et puis le collage qui, dans ces
conditions, a bientôt dépouillé le vin de toutes les

matières flottantes dans le liquide, et qui auraient trop tardé à se déposer.

M. Thierri, après avoir fait fonctionner l'appareil pendant près d'une année entière, et s'être bien assuré par mille expériences du bon effet du chauffage, n'a pas craint, en janvier 1868, de faire d'assez grandes dépenses pour installer son appareil de manière à ce que le vin, après le chauffage, pût arriver directement dans tous les foudres de sa cave par un ensemble de robinets et de tuyaux de distribution qu'il a disposés à cet effet.

M. Serguière, négociant à Béziers, nous pria de lui chauffer une trentaine d'hectolitres de vin, à titre d'essai; ce vin était de bonne qualité et très-limpide; cette opération ne put pas lui donner plus de limpidité qu'il n'en avait, mais la coloration se maintint parfaite, et tous ceux qui le dégustèrent ensuite trouvèrent qu'il avait acquis beaucoup plus de finesse.

Nous ne pouvons donner le détail du très-grand nombre d'expériences que nous avons faites sur des vins de diverses natures, mais en bouteilles. Nous croyons seulement en rapporter en détail une seule, parce qu'elle a été faite sur un vin déjà vieux, mais qui se plombait au contact de l'air.

M. le docteur Castelbon, de Béziers, a du vin blanc de Bordeaux, mis en bouteille depuis environ dix ans. Ce vin trouvé bon par toutes les personnes qui en ont bu, a pourtant le grand défaut de se plomber au contact de l'air et d'être perdu dans quelques jours si on le laisse en vidange.

Le 22 mai dernier, M. Castelbon nous envoya deux bouteilles de ce vin dont il nous avait parlé plusieurs fois.

Le même jour nous chauffâmes une de ces bouteilles à 65 degrés. Le lendemain 23, nous les mîmes toutes les deux en vidange. Le même jour, à sept heures du soir, celle qui n'avait pas été chauffée commençait sensiblement à se plomber. Deux jours après, la décomposition avait pénétré dans toute la masse qui avait pris la couleur du caramel, tandis que la bouteille chauffée avait conservé sa limpidité et son arôme.

Le 25, nous fîmes deux parts du vin non chauffé ; une seule de ces portions fut chauffée à 75 degrés, ce qui nous a fait trois échantillons.

Ces trois échantillons laissés en vidange furent examinés quinze jours après. Celui qui avait été chauffé avant d'être exposé au contact de l'air, avait conservé sa belle limpidité et toutes ses qualités; celui qui avait été chauffé après dix jours de vidange était resté dans l'état où il était au moment du chauffage, et enfin, celui qui n'avait pas été chauffé du tout, était complétement décomposé; ce n'était plus du vin.

CHAPITRE V

§ 1. — *Tentatives faites en Bourgogne.*

La théorie sur les causes des maladies des vins, et
sur les moyens de les combattre ou de les prévenir,
ayant été suffisamment expliquée, il nous reste à déterminer le procédé le plus simple, le plus sûr et le
plus économique pour arriver à une application
usuelle du chauffage des vins. Mais avant d'entrer
dans les détails de cette méthode, dont nous conseillons l'emploi, il convient de donner un aperçu des
tentatives diverses faites pour arriver à la solution
de ce problème qui intéresse si vivement les producteurs et les consommateurs de vin.

Le chauffage du vin, en vue de sa conservation, a
dû être connu et pratiqué dans tous les vignobles, ne
serait-ce qu'à titre d'essai. D'après M. Ladrey, ce
procédé a été appliqué dans la Côte-d'Or, dans le
but, disent les uns, de détruire les ferments; de
préserver les vins de toute altération, disent les

autres ; mais cette pratique, mal comprise, empiriquement appliquée, ne pouvait donner que des résultats imparfaits ; aussi fut-elle tantôt reprise, tantôt abandonnée.

§ 2. — *Procédé Appert.*

Dans son traité des Conserves alimentaires, Appert parle du procédé qu'il a employé pour la conservation des vins en bouteilles et des résultats qu'il a obtenus. La méthode qu'il décrit lui-même consistait à boucher hermétiquement et ficeler des bouteilles remplies du vin dont il voulait assurer la conservation, et à les placer ensuite dans un bain-marie dont il élevait la température jusqu'à 70 degrés. Le vin ainsi traité et soumis à une épreuve d'un voyage en mer de deux années, fut reconnu infiniment supérieur au même vin qui n'avait pas subi l'opération du chauffage.

Cette expérience n'a pas été considérée comme démonstrative, parce que Appert négligea de faire voyager en même temps et du vin chauffé et du vin non chauffé. Pour que cette expérience eût été concluante, il aurait fallu qu'au retour, le vin non chauffé eût été sinon gâté, au moins trouvé inférieur au vin chauffé. C'est à ce défaut de caractère démonstratif qu'il faut attribuer l'oubli dans lequel tomba ce procédé.

§ 3. — *Procédé Gervais.*

En 1827, Gervais fit paraître un mémoire sur la conservation et l'amélioration des vins. Il indiquait un procédé assez rationnel de chauffage au bain-marie. C'est évidemment à lui qu'est due l'idée première d'une application, sur une grande échelle, du calorique à la conservation des vins. Malgré l'appui qu'il reçut du gouvernement, sa méthode ne put se vulgariser, soit parce que son appareil ne réunissait pas une des conditions indiquées par M. Pasteur, comme essentielle à la réussite de cette opération, savoir : le chauffage en vase clos et à l'abri du contact de l'air, soit peut-être aussi parce qu'il faisait subir au vin une température trop élevée.

§ 4. — *Procédé Privat.*

La méthode la plus commune et la plus généralement employée, surtout dans le midi de la France, pour opérer le chauffage, ou plutôt le vieillissement du vin, qui a pris naissance à Mèze dans les chais de la maison Privat, s'applique de la manière suivante : on verse le vin dans un grand récipient ou cuve généralement en bois d'une capacité de 200 à 600 hectolitres. Dans cette cuve se trouve un serpentin en cuivre, traversant par le bas les parois de la cuve, et relié à un générateur de vapeur. Lorsque la vapeur produite par le générateur a acquis une pression suffisante, elle s'introduit dans le serpentin placé comme nous l'avons dit dans l'intérieur de la cuve. Cette vapeur, en circulant dans le serpentin, tend à travers les parois de ce dernier à se mettre en équilibre de température avec le vin renfermé dans la cuve, auquel elle transmet toute sa chaleur latente. Alors elle se condense en eau, et par son propre poids retombe dans le générateur placé plus bas que la cuve. Convertie de nouveau en vapeur, elle recommence sa course dans le serpentin, jusqu'à ce que le vin de la cuve ait acquis le degré de température auquel on voulait le porter.

Ce système séduit au premier abord par sa simplicité, ce qui l'a fait adopter dans le midi de la France par les fabricants d'absinthe et de vermouth, et même par quelques négociants qui fabriquent des vins d'imitation : Madère, Tavel, etc.

Les négociants qui emploient cette méthode ont moins en vue le chauffage du vin pour sa conservation que son vieillissement rapide.

L'appareil que nous venons de décrire étant le plus répandu, et la plupart de ceux qu'on a inventés depuis n'étant que des modifications plus ou moins heureuses de ce système, nous parlerons, avec quelques détails, des avantages et des inconvénients qu'il présente.

Les avantages consistent dans la grande simplicité de sa construction, la facilité de son fonctionnement et le chauffage du vin au bain-marie.

Ses inconvénients sont les suivants :

1° La cherté de tous les organes qui composent l'appareil : en effet, un générateur avec son fourneau, sa cheminée, ses tuyaux de raccommodement, une cuve en bois de 200 à 600 hectolitres de capacité, muni d'un vaste serpentin, doit coûter de cinq à six mille francs.

2° Cet appareil n'est propre qu'au chauffage de grandes masses de vin, et ne peut être utilement employé au chauffage de petites quantités.

3° Quelque puissant que soit le générateur (et sa puissance est limitée par le développement du serpentin), cinq à six jours seront au moins nécessaires pour élever de 15 à 60 degrés une masse de liquide de 200 à 400 hectolitres, en supposant même que le chauffage ne sera pas interrompu pendant la nuit.

4° Une masse pareille de vin étant maintenue pendant plusieurs jours à une température de 40 à 60 degrés, et la cuve, à cause de ses dimensions, n'étant pas susceptible de recevoir une fermeture hermétique capable de résister, soit à la dilatation du liquide, soit au dégagement des gaz qui se produiront pendant les cinq ou six jours que durera le chauffage, il en résultera une fuite de vapeur alcoolique équivalant à une perte de 10 à 12 pour cent sur l'alcool que renfermait le vin avant le chauffage.

Après le refroidissement du liquide, l'on est obligé, pour restituer au vin sa force alcoolique, d'y ajouter une quantité d'alcool équivalente à la perte que lui a fait éprouver le chauffage.

5° On reproche aux vins chauffés par ce système d'avoir un goût de cuit que l'on ne peut faire disparaître que par des coupages avec des vins non chauffés.

6° Huit à dix jours sont nécessaires en hiver et douze à quinze en été, pour que le vin chauffé dans la grande cuve ait repris sa température normale, ce qui nécessite un chômage forcé de l'appareil pendant le même temps, à moins qu'on ne transvase le vin de la cuve à une haute température. Dans le cas où l'on ne voudra pas provoquer lé vieillissement du vin, cette opération agira toujours d'une manière fâcheuse sur la coloration.

§ 5. — *Appareil de MM. Giret et Vinas.*

Après avoir signalé les avantages et les inconvénients des divers procédés et appareils de chauffage qui nous sont connus, nous allons décrire l'appareil que nous avons inventé pour le chauffage des vins en vue de leur conservation.

Laissant de côté toute fausse modestie, nous dirons franchement que nous avons la conviction d'être parvenus à construire un appareil réalisant le chauffage du vin dans les conditions les plus économiques et les plus rapides, sans altération ni de sa couleur, ni de ses qualités.

Notre affirmation se fonde sur les résultats obtenus à la suite d'essais nombreux faits sur une grande échelle, soit par nous, soit par divers propriétaires et négociants, et que nous avons cités plus haut.

L'appareil se compose de deux parties distinctes que nous nommerons, l'une Caléfacteur, l'autre Réfrigérant.

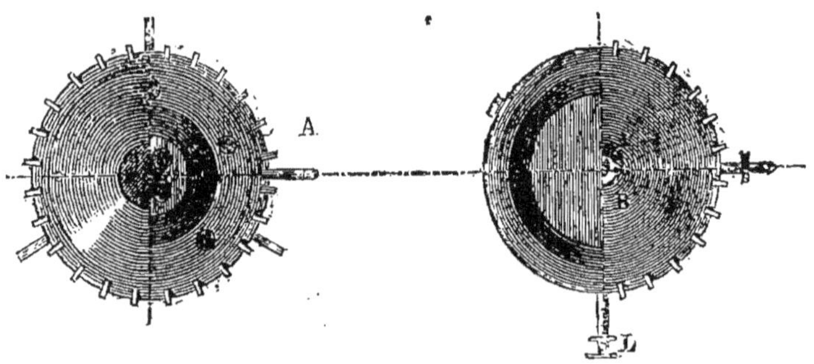

Plan de l'appareil.

Chaque partie se compose à son tour d'un cylindre métallique servant d'enveloppe, et d'un organe placé dans son intérieur.

Les organes intérieurs du réfrigérant et du caléfacteur ont à peu près la même forme et la même dimension. Seulement leur fonctionnement est un peu différent, comme nous le verrons plus tard.

Élévation et coupe de l'appareil.

Chacun de ces organes se compose de deux cylindres métalliques concentriques, reliés entre eux par une couronne métallique de 4 à 5 centimètres de largeur, et chaque organe forme ainsi une capacité cylindro-annulaire de 4 à 5 centimètres de largeur, et d'une hauteur égale à celle des deux cylindres concentriques qui le composent

En résumé, comme on le voit dans la coupe horizontale du dessin, les deux principales parties de l'appareil, le réfrigérant et le caléfacteur se composent chacune de trois cylindres concentriques dont deux, les plus rapprochés du centre forment l'organe intérieur, et dont le troisième forme l'enveloppe extérieure. La distance existante entre le 3me et le 4me cercle de ladite coupe horizontale représente le rebord de l'enveloppe extérieure, relié par des serres avec son couvercle.

L'organe placé dans l'intérieur du réfrigérant laisse entre lui et l'enveloppe extérieure une cavité cylindro-annulaire de 3 à 4 centimètres de largeur. Une autre cavité cylindrique occupe tout l'intérieur du plus petit cylindre dont se compose ledit organe.

L'organe placé dans l'intérieur du caléfacteur laisse entre lui et l'enveloppe extérieure de ce dernier, un espace suffisant pour le passage d'un certain nombre de tubes de fumée. D'autres tubes de fumée sont placés dans la cavité cylindrique formant l'intérieur du plus petit cylindre dont se compose ledit organe.

Ces tubes de fumée sont soudés et cloués à la plaque formant la partie inférieure dudit caléfacteur, laquelle repose elle-même sur un fourneau.

La flamme et la fumée du fourneau passent à travers les tubes de fumée qui traversent les cavités intérieures du caléfacteur, chauffent l'eau dont leur capacité est remplie, et vont se dégager sous le chapeau d'une cheminée qui surmonte ledit caléfacteur.

L'eau ainsi chauffée par la chaleur du fourneau est destinée à servir de bain-marie au vin circulant dans l'organe du caléfacteur, et à lui transmettre le maximum de température auquel on veut l'élever.

La coupe horizontale du dessin représente l'emplacement des tubes de fumée ainsi que la position de l'organe du caléfacteur indiqué par les deux circonférences de cercle les plus rapprochées du centre.

Afin de ne pas fatiguer l'esprit de nos lecteurs par des détails techniques qui ne peuvent être de quelque utilité qu'à ceux qui voudraient faire usage de notre appareil, nous renvoyons à la note (B) mise à la fin de l'ouvrage, tout ce qui a rapport à la marche du liquide dans les divers organes de l'appareil, aux qualités qui le distinguent et aux instructions relatives à son fonctionnement.

§ 6. — *Précautions à prendre pendant et après l'opération du chauffage.*

Dans les liquides aqueux, ainsi que l'a observé M. Dumas de l'Institut, la température nécessaire pour faire périr les végétaux microscopiques de la nature des ferments devrait être au moins de 100 degrés, mais la présence de l'alcool et des acides dans le vin rend l'action de la chaleur beaucoup plus énergique; d'où l'on peut tirer cette conséquence que tous les vins ne doivent pas être chauffés au même degré, et que les parasites qu'ils renferment peuvent être détruits à des températures d'autant plus basses que les vins sont plus alcooliques et plus acides.

Il est prudent de ne pas s'exagérer outre mesure les facultés conservatrices et préservatrices du chauffage. Le vin une fois chauffé n'est pas à l'abri de toute rechute maladive. Il est bon de ne pas se faire illusion à cet égard.

Le vin une fois chauffé et logé convenablement, a cent chances contre une de se conserver sain; mais il s'agit de le préserver de cette centième chance fâcheuse. Cela est facile si l'on veut suivre nos instructions qui ne présentent aucune difficulté d'exécution.

Nous avons dit que l'air atmosphérique renfermait un nombre considérable de germes mycodermiques;

il conviendra donc que le vin, à sa sortie de l'appareil de chauffage, soit mis le moins possible en contact avec l'air. On devra par prudence se servir d'un tuyau plongeur pour introduire le vin sortant de l'appareil dans la futaille destinée à le recevoir.

Cette même futaille devra être préalablement bien nettoyée et exempte de tout mauvais goût. De plus, dans la crainte que quelques germes de mycoderme ne soient adhérents à ses parois intérieures, avant d'introduire le vin chauffé dans sa futaille, l'on devra avant tout y brûler une mèche soufrée. Les mycodermes ne pouvant vivre dans une atmosphère composée de ce gaz, il est évident que le vin chauffé introduit dans le tonneau se trouvera préservé contre l'invasion de ces parasites.

Il suffira après cela, lorsque le tonneau sera bien plein, de le boucher hermétiquement pour que le vin se trouve dans les meilleures conditions de conservation.

CHAPITRE VI

RÉSISTANCE DES VINS CHAUFFÉS A LA MALADIE.

———

Les précautions que nous venons d'indiquer peuvent être quelquefois utiles, mais ne sont pas d'une nécessité absolue pour préserver le vin chauffé de toute altération. Le vin acquiert en effet, par le chauffage, une telle force de résistance à la maladie, que dans la plupart des cas on pourrait le laisser impunément dans une futaille en vidange et débouchée. Les germes de mycoderma que renferme l'atmosphère pourront bien s'introduire dans le vin, mais ils rencontreront rarement dans un vin chauffé convenablement un milieu favorable à leur existence et à leur développement.

Cependant, nous le répétons, les précautions que nous avons indiquées plus haut ne doivent pas être négligées, afin de mettre les vins à l'abri de toute chance d'altération.

Nous insistons surtout pour que les tonneaux dans lesquels on introduira le vin chauffé soient remplis jusqu'à la bonde et puis hermétiquement bouchés.

Si l'on ne prend ces soins, on risque de vieillir le vin, d'altérer sa couleur et l'on retardera le moment où le vin chauffé aurait acquis toute sa limpidité.

En effet, nous avons expliqué que les principes du vin, et surtout la partie colorante étaient très-avides de l'oxygène de l'air. Par la vidange du tonneau l'on continuera à favoriser la combinaison de l'oxygène avec ces principes du vin, ce qui entraînera l'altération de sa couleur.

D'un autre côté, pendant tout le temps que durera cette combinaison, il y aura dégagement de gaz dans le liquide, et il en résultera que le vin ne pourra acquérir toute sa limpidité pendant la durée de ce phénomène, dont on prolongerait la durée en laissant le tonneau en vidange.

Enfin, nous ajouterons que, loin de proscrire aucun des moyens que l'expérience a indiqués comme propres à la conservation des vins, tels que soutirages, collages, etc., nous les recommandons au contraire comme très-utiles. Le chauffage est, sans contredit, un des moyens les plus énergiques contre les altérations des vins, mais les autres ne doivent pas être négligés.

CHAPITRE VII

Tout ce que nous avons dit du chauffage du vin peut, croyons-nous, à quelques légères différences près, s'appliquer à tous les autres liquides fermentescibles.

Les pharmaciens emploient le chauffage pour arrêter les fermentations des sirops qui manifestent une tendance à s'altérer ; seulement comme ces sirops ne renferment pas d'alcool, ils se chauffent à la température de l'ébullition, et ce moyen leur réussit parfaitement.

Nous n'avons pour notre compte, fait qu'une seule expérience sur de la bière, mais elle nous paraît très-concluante.

Le 28 mai 1867, nous chauffâmes plusieurs échantillons de bière qui furent mis, à partir de ce moment, dans les mêmes conditions que des échantillons non chauffés.

Ces derniers échantillons se sont détériorés successivement, et trois mois après, pas un n'était en bon état, tous étaient piqués.

Les échantillons chauffés, au contraire, se sont conservés limpides et sans altération ; dégustés successivement ils ont toujours été trouvés très-bons — encore aujourd'hui un an après, le dernier de ces échantillons, quoique resté en vidange depuis près de deux mois, a été trouvé d'un goût parfait.

Il serait à désirer que l'on continuât nos expériences sur les bières et qu'elles fussent faites en grand, afin de s'assurer s'il est possible de conserver, par un procédé facile et économique, un liquide réputé des plus altérables.

Étant dans un pays où le cidre n'est pas connu, et où l'on ne peut même s'en procurer, nous n'avons pu faire aucune expérience de chauffage sur cette boisson. Nous engageons les personnes qui habitent les pays producteurs de ce liquide, à essayer de les conserver par le chauffage. Nous croyons pouvoir assurer d'avance la réussite de ces essais, réussite qui aura pour résultat de propager l'usage du cidre, d'en étendre considérablement la production et d'augmenter ainsi la richesse des contrées où l'on cultive le pommier.

DEUXIÈME PARTIE

APPLICATION DU CHAUFFAGE AU MUTAGE DES VINS

CHAPITRE PREMIER

THÉORIE DU MUTAGE.

Le mutage est une opération qui a pour but de prévenir ou d'arrêter la fermentation alcoolique.

Les deux systèmes, presque exclusivement employés pour y parvenir, consistent à introduire dans le liquide à muter, de l'alcool ou de l'acide sulfureux.

Pour peu qu'on veuille bien se rappeler ce que nous avons dit des fermentations et des effets du méchage et de l'avinage, on comprendra que les deux substances que nous venons de nommer agissent, soit en tuant les ferments contenus dans les moûts, soit en rendant ce liquide impropre à la multiplication de ces germes.

L'expérience a démontré que pour arrêter d'une manière absolue toute fermentation alcoolique, il faut ajouter au liquide sucré une quantité d'alcool telle qu'après l'opération il en contienne de 16 à 18 pour 100.

Quant à l'acide sulfureux, nous ne connaissons pas d'expérience qui donne la quantité qu'un moût doit en dissoudre pour que toute fermentation y soit impossible. Mais comme ce gaz est très-peu coûteux, on ne cherche pas à le doser; la pratique enseigne à chacun ce qu'il convient de faire.

Il y a cependant cette différence entre le mutage à l'alcool et le mutage à l'acide sulfureux, que la première de ces deux substances est beaucoup plus fixe que la deuxième.

Un moût ou un vin dont la force alcoolique a été augmentée par un avinage énergique conserve, à très-peu de chose près, pendant toute son existence, la dose d'alcool à laquelle on l'a élevé primitivement.

Au contraire, le moût ou le vin mutés à l'acide sulfureux ne le conservent pas toujours, parce qu'une partie de ce gaz absorbant de l'oxygène se transforme en acide sulfurique, et que le reste se dégage du liquide qui le tenait en dissolution pour se répandre dans l'atmosphère.

Ce n'est même que parce que le moût ou le vin finissent par se débarrasser du gaz acide sulfureux qu'on peut employer ce gaz au mutage; car, tant qu'il reste en quantité notable dans le liquide, il lui donne un goût et une odeur qui le rendent impropre à la consommation.

De cette différence de fixité dans les substances employées pour le mutage résulte une différence radicale dans leurs effets.

Un moût muté à 18 pour 100 d'alcool est muté d'une manière absolue et définitive; il ne peut plus entrer en fermentation alcoolique, s'y introduirait-il de nouveaux ferments, car ceux-ci seraient anéantis, ou du moins ils ne pourraient pas s'y multiplier.

Un moût, au contraire, muté à l'acide sulfureux, peut entrer plus tard en fermentation quand ce gaz a disparu en grande partie, soit que des germes nouveaux y soient introduits, soit que ceux qu'il contenait au moment du mutage n'eussent été qu'engourdis, et puissent se réveiller dans certaines circonstances.

Aussi le mutage à l'alcool serait-il exclusivement employé s'il ne nécessitait une dépense énorme, et si l'on n'avait quelquefois besoin d'un liquide d'un moindre titre alcoolique.

Il existe donc dans la pratique de la propriété et du commerce deux mutages.

L'un, par l'alcool, est complet, absolu, durable, mais a l'inconvénient d'être énormément cher, et donne toujours un liquide d'un titre très-élevé et par conséquent trop capiteux pour convenir à tous les usages.

L'autre, par l'acide sulfureux, est bon marché et peut donner du vin à tous les titres alcooliques, depuis le titre zéro ; mais il n'est que temporaire et d'autant moins permanent que le liquide sur lequel on l'emploie est moins alcoolique.

Tel qu'il est cependant, ce dernier mutage suffit dans une foule de circonstances, car on a rarement besoin de conserver du moût à zéro degré pendant longtemps.

Du reste, il est à remarquer que si ce besoin existait, le procédé de mutage par l'alcool ne pourrait être employé, puisqu'il donne fatalement un liquide très-alcoolique.

CHAPITRE II

MUTAGE PAR LE CALORIQUE.

Le chauffage détruisant tous les ferments lorsqu'il est porté à un degré convenable, il nous est venu depuis longtemps à la pensée qu'il pouvait être un moyen de mutage.

Seulement, pour que ce moyen pût être considéré comme pratique, il fallait avoir trouvé déjà un instrument qui permît d'opérer très-rapidement le chauffage des moûts qui n'ont pas encore commencé leur fermentation, ainsi que des vins blancs ayant déjà fermenté en partie.

Il est pour nous évident, *a priori*, qu'avec les grands vaisseaux et les serpentins que nous avons dit être employés dans le Midi par certains négociants, et surtout par les vermouthiers, on n'arriverait jamais au mutage.

Examinons d'abord s'il est possible, avec cet appareil, qu'un jus de raisin puisse être muté avant d'avoir éprouvé un commencement de fermentation.

On ne pourra procéder au chauffage du moût que lorsque la grande cuve munie du serpentin sera presque pleine.

5.

Or, quelle que soit la masse de raisins dont on pourra disposer, et la rapidité avec laquelle on en extraira le jus nécessaire pour remplir la capacité d'un récipient de 200 à 400 hectolitres, il n'en faudra pas moins un temps considérable pour obtenir une pareille quantité de liquide.

D'un autre côté, le moût par ce mode de chauffage ne pouvant atteindre la température exigée pour son mutage qu'après plusieurs jours, il est de toute évidence que la fermentation alcoolique du liquide aura non-seulement commencé, mais sera même terminée avant qu'il ait pu atteindre cette température.

Nous ne sommes même pas convaincus que ce système, au lieu de muter le vin, hâte sa fermentation.

Quant aux vins que l'on voudrait muter pour arrêter leur fermentation avant qu'ils ne fussent tout à fait secs, et auxquels on voudrait conserver par le mutage quelques degrés de douceur, il est probable aussi qu'on ne réussirait pas par un chauffage lent, parce que lorsque la température du liquide serait entre 25 et 35 degrés, la fermentation serait tellement activée, que pour peu de temps que l'on mît à obtenir la dernière de ces températures, le vin serait sec lorsqu'on y arriverait.

L'appareil de notre invention permettant, au contraire, de chauffer très-rapidement, dans quelques minutes, les moûts au fur et à mesure qu'ils découlent du fouloir ou du pressoir, il nous a paru que c'était exclusivement avec lui ou avec un appareil équivalent, que l'on pouvait tenter de muter soit des moûts, soit des vins par le chauffage.

Quelques expériences tentées sur des moûts chauffés en bouteilles nous ayant donné de bons résultats, nous avons voulu les répéter sur une plus grande échelle au moyen de notre appareil.

Avant de les décrire, nous ferons observer, que si la température de 50 à 60 degrés suffit pour *tuer* les ferments contenus dans un liquide renfermant déjà une certaine quantité d'alcool, il faut une température beaucoup plus élevée pour *tuer* ces mêmes ferments, quand le liquide qui les contient n'a pas de titre alcoolique.

Nous avons donc chauffé trois futailles de moût de vin blanc, savoir :

La première à 60 degrés.

La deuxième à 75 degrés.

La troisième à 90 degrés.

Disons tout de suite que nous regrettons de ne pas avoir dépassé cette température, ce que nous aurions pu obtenir avec notre appareil, à la condition d'opérer très-lentement.

Aucun signe de fermentation ne s'est produit dans aucune des trois futailles pendant les cinq premiers jours qui ont suivi l'opération.

Le sixième jour, la futaille n° 1 a commencé à fermenter.

Les n°ˢ 2 et 3, qui n'avaient encore donné aucun signe de fermentation, ont été fortement collés au sang, ce qui a amené une limpidité parfaite.

Un mois après le chauffage, la futaille n° 2, qui avait été chauffée à 75 degrés, a commencé à fermenter.

La futaille n° 3, chauffée à 90 degrés, est restée mutée pendant trois mois et n'est entrée en fermentation qu'au bout de ce temps.

Ainsi 60 degrés ont retardé la fermentation de six jours, 75 degrés l'ont retardée d'un mois, et 90 degrés de trois mois; on voit pourquoi nous regrettons de ne pas avoir chauffé une quatrième futaille à une température plus élevée et voisine de 100 degrés.

Ces expériences font entrevoir la possibilité de traiter les vins blancs par trois méthodes nouvelles : la première relative à la fabrication des vins secs, consisterait à chauffer les moûts de vins blancs entre 60 et 70 degrés, de manière à en retarder la fermentation alcoolique de quelques jours seulement. Dans cet intervalle, tout trouble et toute agitation cessant dans le liquide, les matières étrangères tenues en suspension se déposeraient sous forme de lies au fond du tonneau. On pourrait même pour activer ce dépôt, et obtenir une plus grande clarification soumettre le moût à un collage énergique. La fermentation alcoolique, qui ne tarderait pas à se manifester dans ce liquide préalablement soutiré, produirait un vin blanc incolore, d'une grande limpidité, d'une finesse et d'un moelleux que ne pourront jamais atteindre les vins blancs fermentant avec leurs lies.

Si la fermentation tardait trop à se déclarer, on la hâterait par l'aérage du moût ou par l'addition d'une petite quantité de vin blanc en fermentation.

Par la deuxième méthode, l'on pourrait fabriquer des vins blancs doux et leur conserver sans la moindre addition d'alcool le degré de liqueur qui plairait le plus aux consommateurs. Pour obtenir ce résultat, il faut laisser fermenter les moûts provenant de la première méthode jusqu'à ce qu'ils ne renferment plus que le degré de liqueur désiré, et les soumettre à ce moment à un chauffage de 60 à 70 degrés suivant le titre alcoolique du liquide dont on voudrait arrêter la fermentation.

Nous avons ainsi obtenu, sans addition d'alcool, des alicantes doux qui, avant toute fermentation, n'accusaient que 13 degrés au glucomètre.

Des terrets-bourrets dont les moûts ne pesaient que 10 ou 11 degrés, traités par cette méthode ont donné des vins blancs d'une limpidité parfaite et auxquels nous avons pu conserver quelques degrés de liqueur.

Ce fait nous paraît très-intéressant, car, jusqu'à présent, pour avoir des vins blancs doux il fallait, à

moins que le moût ne marquât comme celui des mus-
cats plus de 20 degrés de glucomètre, les addition-
ner d'une forte dose d'alcool, de sorte que tous les
vins doux sont ou naturellement ou facticement capiteux; et ne conviennent ni à tous les goûts ni à tous
les estomacs.

La méthode que nous recommandons, au contraire,
permet d'avoir des vins blancs doux sans être capiteux et avec une dépense insignifiante.

La troisième méthode a pour but le mutage des
vins blancs; elle consisterait à porter les moûts à
une température suffisamment élevée, mais que nous
n'avons pas encore déterminée et à leur faire ainsi
subir un mutage définitif ou du moins aussi énergique que celui que l'on obtient par la sulfurisation.
Il est probable que si un seul chauffage est impuissant pour provoquer un mutage absolu, des chauffages
successifs suivis de collages et de soutirages réitérés
amèneront le résultat voulu.

CHAPITRE III

FABRICATION DES VINS MOUSSEUX PAR LE MUTAGE AU CALORIQUE.

Ainsi que nous l'avons dit ci-dessus, les moûts de vin blanc chauffés à 60 degrés et au delà restent un certain temps sans fermenter ; pendant ce temps ils se clarifient spontanément, et des collages énergiques leur donnent une limpidité parfaite.

Nous avons ajouté qu'au bout de cinq à dix jours, la fermentation commence à s'établir.

On peut ainsi interrompre la fermentation autant de fois que l'on veut en chauffant de nouveau le vin. Il faut absolument se souvenir que si le vin a déjà fermenté et contient par conséquent une certaine quantité d'alcool, il faut pour interrompre de nouveau la fermentation, sans la rendre définitivement impossible, un chauffage beaucoup moins énergique.

Ces principes posés, il nous semble que l'on peut faire aisément et à bon marché des vins mousseux avec toute espèce de raisin.

Ajoutons que nous avons fait quelques expériences

en petit, et que, jusqu'à présent, tout nous a semblé confirmer nos espérances.

Cependant, n'ayant pas agi sur des masses, nous croyons ne devoir donner nos idées à ce sujet que sous la réserve de leur confirmation par la pratique. Nous nous proposons de faire des expériences en grand à la prochaine récolte, et nous engageons les propriétaires de vins blancs à en faire aussi, persuadés que le but est facile à atteindre, en se pénétrant bien de la théorie que nous avons donnée.

Voici, du reste, comment nous nous proposons de procéder.

Nous chaufferons à 65 degrés du moût de vin blanc ; dès le lendemain du chauffage, nous le collerons et nous surveillerons sa limpidification ; quand le dépôt sera formé et avant que la fermentation ne commence, nous le soutirerons. Si la fermentation se faisait trop attendre, nous la hâterions en transvasant le moût ou même, au besoin, en y mêlant un centième environ de vin blanc en fermentation.

Lorsque le vin fermentera, nous le surveillerons et nous attendrons le moment où la moitié à peu près du sucre sera transformée en alcool ; lorsque l'opération sera arrivée à ce point, nous chaufferons de nouveau, mais à 40 ou 45 degrés seulement.

Nous pensons que si l'on chauffait alors à 60 ou 65 degrés, on arrêterait la fermentation d'une manière définitive et que l'on obtiendrait des vins doux et non pas des vins mousseux.

Ce deuxième chauffage à 40 ou 45 degrés arrêtera provisoirement la fermentation, et il se fera un nouveau dépôt contenant presque exclusivement des ferments inertes. Ce nouveau dépôt, que nous avons observé maintes fois, n'est jamais abondant et est assez dense pour se séparer facilement du liquide dans lequel il n'est jamais flottant, et cela à tel point que si on agite une bouteille dans laquelle ce dépôt existe, il suffit de quelques heures de repos pour qu'il se reforme et que le vin se clarifie de nouveau.

Quelques jours après le deuxième chauffage, nous soutirerons le vin qui sera d'une limpidité parfaite.

Si le deuxième chauffage n'a pas été porté à un degré trop élevé, la fermentation recommencera au bout d'un temps assez court.

Nous surveillerons cette deuxième fermentation avec le plus grand soin, et lorsque le liquide ne marquera plus que 3 ou 4 degrés environ au gluco-mètre, nous le mettrons en bouteille. Nous pensons arriver ainsi à faire des vins mousseux, à bon marché, et qui pourront avoir plus ou moins de finesse suivant les cépages et les qualités du moût employé.

Des vins mousseux fabriqués dans ces conditions économiques, avec les cépages communs du pays, de terret-bourret par exemple, ne réuniront pas sans doute toutes les qualités que recherche le gourmet;

mais celui qui ne pourra dépenser que cinquante centimes pour boire un vin sans doute moins fin, mais aussi mousseux, aussi limpide et aussi hygiénique que le champagne à cinq francs, laissera ce dernier pour les palais plus délicats, ou les bourses mieux garnies.

Nous n'avons pas du reste la prétention d'avoir indiqué la marche réelle qu'il faut suivre pour produire des vins mousseux à bon marché, nous avons voulu seulement engager les propriétaires ou les négociants à chercher par l'expérience les nombreuses modifications dont cette méthode devra probablement être affectée avant de devenir définitive.

TROISIÈME PARTIE

VIEILLISSEMENT DU VIN

CHAPITRE PREMIER

THÉORIE.

M. Pasteur, dans son grand ouvrage sur le vin, s'est occupé de la solution de deux questions importantes pour l'œnologie.

La première est celle de la conservation des vins; nous l'avons traitée dans la première partie de ce manuel.

La seconde est relative au vieillissement des vins.

D'après ce savant chimiste, « les effets du vieillissement des vins sont provoqués par la combinaison de l'oxygène de l'air avec divers principes encore mal connus qui se trouvent dans le vin, et notamment avec les matières colorantes de la pellicule des grains du raisin elles-mêmes, très-avides d'oxygène. »

Les expériences diverses auxquelles nous nous sommes livrés nous ont démontré que la théorie de M. Pasteur sur le vieillissement des vins, était aussi vraie que celle qu'il avait émise sur les effets du calorique appliqué à leur conservation. Une fois bien fixés sur les causes réelles qui produisent le vieillissement du vin, guidés par ce fil conducteur, nous avons pu nous livrer à des essais rationnels dont les résultats pouvaient, pour ainsi dire, être prévus et calculés par avance. Ce sont ces essais et leurs résultats satisfaisants que nous nous proposons de faire connaître, pensant qu'ils pourront contribuer à la solution pratique du problème du vieillissement du vin.

De même que dans la première partie, nous avons insisté longuement sur les causes des maladies des vins, afin que le vigneron, connaissant bien l'ennemi auquel il avait à faire, n'hésitât pas à le combattre énergiquement par les procédés qu'on lui indiquerait ; de même, persuadés que le moyen le plus sûr d'arriver à la vulgarisation d'une bonne méthode du vieillissement de ce liquide, c'est de démontrer que l'oxygène de l'air est l'agent principal, sinon unique, qui provoque dans le vin les modifications qui le font vieillir, nous allons tâcher de prouver :

1° Qu'un vin mis à l'abri de tout contact avec l'oxygène de l'air ne vieillirait pas.

2° Que le contact prolongé de l'air atmosphérique provoque rapidement au contraire le vieillissement du vin.

3° Enfin que toutes les méthodes connues de vieillissement rapide des vins n'ont donné quelques résultats satisfaisants que parce que, à l'insu peut-être des expérimentateurs, elles facilitent le contact de l'air avec ce liquide.

Le vin mis à l'abri de tout contact avec l'oxygène de l'air ne vieillirait pas.

Le moût ou jus de raisin qui, par l'action du ferment alcoolique sur sa partie sucrée, a subi la grande transformation qui le change en vin, n'est pas encore un liquide propre à la consommation; il a besoin, pour accomplir les autres phases de son existence et acquérir les qualités hygiéniques qui le distinguent, d'absorber une certaine quantité d'oxygène, qui modifie chimiquement les divers principes qui le composent. Sans l'intervention de cet agent, le vin resterait à l'état de vie inerte ou latente.

Il est facile de s'assurer par une épreuve à la portée de tout le monde, qu'un vin jeune que l'on met en bouteilles, c'est-à-dire à l'abri du contact de l'air, ne vieillit plus, conserve sa rudesse et son goût primitifs, en un mot ne se fait pas, comme dit vulgairement le vigneron, proviendrait-il des crus les plus renommés.

Il en serait de même probablement pour les vins en tonneaux, si on bouchait hermétiquement ces derniers immédiatement après le décuvage, et si l'on en rendait les parois imperméables à l'air par l'application d'une couche de peinture.

Pourquoi le vigneron, alors même qu'il a laissé cuver son vin pendant un mois entier; que dans la cuve il est devenu froid et limpide; qu'il peut constater au moyen du pèse-moût que toute la partie sucrée de son vin s'est convertie en alcool, et que par conséquent la fermentation alcoolique est complétement terminée; pourquoi, disons-nous, le vigneron laisse-t-il le trou de la bonde de son tonneau ouvert pendant souvent plus d'un mois après la décuvaison? C'est qu'après avoir subi la fermentation alcoolique, même la plus complète, le vin subit encore une autre transformation purement chimique, pendant laquelle il y a dégagement de l'acide carbonique dissous et absorption et combinaison de l'oxygène de l'air avec les divers principes qui constituent le vin. Supposez le trou de la bonde fermé, l'acide carbonique ne pourra se dégager, il y aura pression de dedans en dehors, et l'air atmosphérique ne pourra s'introduire dans le tonneau. En laissant au contraire le trou de la bonde ouvert, on favorise et la sortie

du gaz et le contact de l'air avec les principes du vin
avides d'oxygène. Ainsi s'accomplit plus facilement
la première phase de l'existence du vin.

Pour que le vigneron, qui considère l'air comme
l'ennemi du vin, qui pendant cette même période, où
il a laissé son tonneau ouvert, a vu quelquefois l'a-
cescence s'en emparer, consente à ne pas s'écarter
de cette pratique, il faut qu'une expérience répétée
lui ait appris, à n'en pas douter, que ce contact de
l'air est indispensable à la première transformation
du vin jeune en vin adulte.

Le contact de l'air provoque le vieillissement du vin.

On peut s'assurer facilement de l'influence de
l'air pour hâter la maturité ou le vieillissement des
liquides alcooliques, en plaçant un vin sain dans un
autre récipient dont le liquide occuperait toute la capacité et qui serait hermétiquement fermé.

M. Cazalis-Allut, ancien président de la Société
d'Agriculture de l'Hérault et œnologue praticien
distingué, cite le fait suivant dans ses œuvres agricoles.

« En 1848, je décuvai du vin fait avec du Cavernet-
« Sauvignon, du Liverdun et du Pedro-Kiménès,
« dans quatre tonneaux. Un de ces tonneaux se
« trouva avec une vidange d'environ un tiers. Je ne
« voulus pas le remplir, afin de pouvoir juger de

« l'effet que produirait l'air extérieur qui, en s'in-
« troduisant par la bonde, serait en contact avec
« le vin, sur une plus grande surface, et il arriva que
« ce vin acquit, dans un court espace de temps, les
« qualités du vin vieux, c'est-à-dire, clarification par-
« faite et développement du bouquet. Il n'en fut pas
« de même pour le vin des autres tonneaux ; trois
« mois après il n'avait pas encore terminé sa fer-
« mentation, et par conséquent ne s'était pas cla-
« rifié. J'ai vu se reproduire, l'année dernière, le
« même fait sur une futaille de vin blanc laissée aussi
« en vidange.

« Aux faits que je viens de citer, je veux en ajou-
« ter un autre. Cette année (1858), j'ai laissé une
« futaille de 800 litres avec une vidange d'environ
« un quart, et déjà depuis plus d'un mois, le muscat
« mis dans cette futaille est bien clarifié, tandis que
« celui de deux autres futailles remplies à la même
« époque, est encore trouble, sa fermentation n'é-
« tant pas terminée.

« Il est indispensable, pour éviter l'acétification
« des vins ainsi traités, de les soutirer, en les sou-
« frant un peu dès que la fermentation a cessé. Une
« grande exactitude à cet égard devient surtout
« nécessaire, quand on a affaire à des vins qui tour-
« nent facilement à l'aigre.

« Pour hâter le vieillissement de ces vins, il faut
« les loger dans des futailles de 55 à 100 litres ;

« mais on aura soin de mettre les bondes de côté,
« après le second soutirage de février, afin que les
« bouchons, continuellement humectés, s'opposent
« à l'introduction de l'air.

« Beaucoup de procédés sont indiqués pour vieillir
« les vins ; on a recours à des étuves, à l'eau bouil-
« lante dans laquelle on laisse pendant un certain
« temps les bouteilles, à des tuyaux de chaleur qui
« traversent les foudres, au fumier de cheval, etc. Ces
« procédés, confiés à des mains habiles, peuvent
« donner des résultats satisfaisants quand ils sont
« appliqués à des vins très-alcooliques, destinés à
« faire du Porto ou du Madère ; mais ils risquent de
« détériorer les vins fins au lieu de les améliorer. Le
« moyen que je propose ne présente aucun danger
« et l'exécution en est facile. Il faut des soins seule-
« ment, et il en faut en toute chose si l'on veut
« réussir. »

S'il est prouvé que le contact de l'air, après un
temps assez long, produit le vieillissement du vin, il
est au moins aussi certain pour nous que l'on peut
obtenir le même résultat, mais dans un temps beaucoup plus court, en aérant brusquement le vin. Nous
allons citer à l'appui de cette théorie nouvelle des
expériences qui nous sont personnelles et que chacun
peut répéter sans peine.

Prenez un vin nouveau qui n'aura pas encore
acquis toute sa limpidité, dont vous remplirez deux

bouteilles aux 3/4; agitez vivement pendant quelques instants, il se produira une certaine quantité de gaz dont vous favoriserez la sortie en débouchant les bouteilles. Cette opération doit être renouvelée plusieurs fois. Avec le vin d'une des deux bouteilles ainsi aéré, remplissez complétement l'autre que vous boucherez hermétiquement; mettez à côté de la première une autre bouteille pleine du même vin, mais non aéré; abandonnez-les au repos pendant quelques jours, et comparez ensuite le vin non aéré avec celui qui l'a été. Ce dernier, par l'effet de la combinaison de l'oxygène de l'air avec ses principes, aura perdu en grande partie son goût de vin nouveau, sera devenu limpide, et aura déposé beaucoup de lies. Sa couleur ne sera pas sensiblement altérée, et on lui reconnaîtra certaines qualités que le vin non aéré ne pourra acquérir que longtemps après.

Si on fait la même opération sur un vin déjà fait, c'est-à-dire, tel qu'il est au mois de décembre ou janvier qui a suivi sa récolte, on reconnaîtra, après un certain temps, que sa limpidité a augmenté, qu'il a vieilli et a acquis les qualités d'un vin de même nature qui aurait une année de plus que celui-là. Lorsque l'agitation au contact de l'air est trop prolongée, le vin peut contracter un goût d'évent provenant d'un excès d'oxygène libre non encore combiné avec les principes du vin, ce goût disparaît plus tard lorsque cette combinaison s'est effectuée.

Nous devons dire que cette opération ne peut réussir que tout autant que l'on agit sur des vins parfaitement sains ; quant aux vins malades, ils devront, comme nous l'expliquerons plus loin, être préalablement chauffés.

Toutes les méthodes connues de vieillissement rapide des vins n'ont donné quelques résultats qu'en facilitant, à l'insu peut-être des expérimentateurs, le contact de l'air avec le liquide.

L'avidité de certains principes du vin pour l'oxygène de l'air diminue à partir du décuvage jusqu'à la fin de ce que l'on est convenu d'appeler la fermentation lente. Les combinaisons chimiques qui se sont opérées pendant cette période ont suffi pour débarrasser le vin de la majeure partie des matières suspendues dans son sein, et les faire précipiter au fond du tonneau sous forme de lies. Lorsque ces dépôts sont effectués, l'oxygène de l'air semble moins indispensable au développement des qualités que le liquide peut acquérir ; il y a cependant absorption d'oxygène et dégagement de gaz acide carbonique, mais ces phénomènes s'opèrent d'une manière plus lente. L'air se renouvelle suffisamment dans les tonneaux, soit à l'époque des soutirages, soit à la suite des variations de température qu'éprouve le liquide, et qui provoquent des pressions tantôt intérieures, tantôt extérieures. Ces oscillations, presque continuelles, facilitent la sortie des gaz et l'entrée de l'air extérieur à travers les pores du bois ou du bouchon ; les quantités d'air ainsi introduites dans le tonneau sont ordinairement suffisantes pour faire progresser le vin vers sa maturité.

L'amélioration et le vieillissement qu'éprouvent certains vins à la suite des voyages par terre ou par mer, doivent aussi être attribués à l'augmentation ou à la diminution de volume que le liquide éprouve par les variations de température qu'il subit en traversant des latitudes diverses. Ces variations favorisent la sortie des gaz et l'entrée de l'air atmosphérique dans les fûts ; à cette cause s'en joint une autre non moins puissante, c'est l'agitation continuelle que la marche du navire ou des voitures de transport imprime au liquide contenu dans les futailles, agitation qui provoque le contact et par suite la combinaison de l'air avec les divers principes du vin.

Le vin met souvent 2, 3 et 4 ans avant d'arriver à l'âge où il a acquis toutes ses qualités ; aussi de tout temps, on a dû se poser cette question : ne serait-il pas possible de faire acquérir à un vin jeune le goût et les qualités d'un vin vieux, et cela dans un espace de temps relativement très-court, en comparaison de celui qu'il aurait fallu en suivant les procédés de vinification ordinaires ? Le hasard avait fait découvrir que les vins, lorsqu'ils étaient chauffés à une certaine température, éprouvaient rapidement les effets dus au vieillissement. Dans l'ignorance où l'on était des vraies causes qui produisaient ces modifications dans ce liquide, l'on avait été conduit à les attribuer uniquement à l'action du calorique, qui peut activer l'action de l'oxygène de l'air, mais non la suppléer.

Deux méthodes principales, basées sur le calorique, ont été adoptées et pratiquées dans le midi de la France ; elles ont pour but de vieillir les vins rouges ou blancs pour imiter la couleur, le goût et le bouquet de certains vins étrangers ou indigènes.

Procédé de Cette.

Dans ce procédé, destiné généralement à fabriquer des vins blancs d'imitation, le liquide destiné à confectionner ces vins est mis dans des fûts placés dans des cours en plein air. La température maximum du liquide peut s'élever pendant la saison d'été et dans les fûts exposés au soleil à 25 ou 30 degrés pendant le jour, pour descendre pendant la nuit à 15 ou 20 degrés. Cette variation dans la température éprouvée par le liquide contribue, dit-on, à l'assimilation des divers principes qui constituent le vin et le mûrit. Comme cette manière de traiter le liquide pourrait le faire aigrir, l'affaiblir ou le détériorer, on l'alcoolise souvent pour combattre ces tendances funestes ; au

6.

bout de quelques mois de ce traitement le vin est fait, il a vieilli de dix ans.

Ce vieillissement rapide n'a, selon nous, d'autres causes que l'aération constante du liquide provoquée par les variations de température qu'il éprouve, et qui facilitent l'introduction de l'air dans les futailles ; les effets de cette aération sont d'autant plus énergiques, que la température du vin qui la subit est plus élevée. Une alcoolisation répétée compense l'affaiblissement que pourrait éprouver le vin, et le préserve en même temps des fermentations de mauvaise nature que ce traitement pourrait entraîner.

Procédé de Mèze.

Dans la première partie de ce Manuel, p. 66 et 67, nous avons donné la description de l'appareil employé dans cette méthode pour opérer le vieillissement du vin. Nous en avons signalé les divers inconvénients sur lesquels nous ne reviendrons pas. Nous nous contenterons, parce que cela rentre dans la question que nous traitons, de signaler les causes qui contribuent au vieillissement rapide du vin traité par cette méthode. Elle ne comporte pas le chauffage en vase hermétiquement clos, et le vin, pendant toute la durée de l'opération, qui peut se prolonger quinze ou vingt jours, reste exposé au contact de l'air ; il en absorbe l'oxygène qui se combine d'autant ¦plus rapidement avec ses divers principes, et surtout avec la partie colorante, que la température est plus élevée.

Voici comment M. de Vergnette-Lamotte explique ce phénomène d'oxydation :

« Lorsqu'on chauffe les vins, les gaz qu'ils ren-
« ferment s'en séparent en partie ; plus tard le vin, en
« se refroidissant, absorbe de nouveau les gaz avec
« lesquels il est en contact. Il résulte de ce phéno-
« mène que lorsqu'on chauffe des vins à l'air libre,
« il doit s'en dégager un mélange d'alcool et d'au-
« tres gaz qui sont remplacés pendant que s'opère le
« refroidissement du liquide par l'oxygène princi-
« palement, à cause de l'affinité de ce gaz pour les
« acides et la matière colorante du vin, ce qui peut
« provoquer la décoloration. »

Les partisans de la méthode de Mèze sont persua-
dés que le calorique est la cause du vieillissement du vin ; ils ne se doutent pas que cet agent n'est qu'un moyen d'activer l'action de l'oxygène de l'air sur les principes du vin avec lesquels il est mis en contact, mais qu'il n'est pas lui-même la cause de son vieillis-sement ; le calorique, dans ce cas, rend seulement l'oxydation plus rapide parce qu'il active en général toutes les actions chimiques.

C'est pour avoir méconnu cette vérité que jusqu'à présent, l'on a surchauffé les vins dans le but de les vieillir. Au moyen du chauffage prolongé ou à haute température à l'air libre, on provoquait, il est vrai, le vieillissement, mais c'était aux dépens de la partie alcoolique et éthérée du vin ; on sacrifiait en pure perte et sa force et son arome.

Nous avons insisté sur ce point afin de détruire complétement dans l'esprit de nos lecteurs ce préjugé qui attribuait au calorique seul des effets de vieillissement que l'on peut obtenir sans son intervention. Ce principe une fois admis, l'on s'empressera de modifier les méthodes vicieuses employées jusqu'aujourd'hui.

Nous terminons cette exposition de la théorie du vieillissement des vins, par l'appréciation suivante de M. de Vergnette-Lamotte, qui n'est pas tout à fait conforme à la nôtre :

« Si, évidemment, dit ce savant œnologue, l'oxy-
« gène vieillit le vin en se combinant avec ceux de
« ses éléments qui en sont les plus avides, — les
« matières albuminoïdes et les substances colorantes
« d'abord, — il n'en est pas moins constant pour
« nous que nous devons considérer ce gaz, au point
« de vue de l'œnologie, comme un grand agent de
« décomposition; ses effets seront beaucoup plus
« souvent nuisibles qu'utiles à l'élevage des vins.
« Nous ne faisons d'exception à ce sujet que lorsqu'il
« s'agit de vins durs et d'acides. »

Nous ne pouvons affirmer que l'application des procédés de vieillissement rapide soit avantageuse aux vins des grands crus ; mais les quelques expériences que nous avons faites sur les vins fins et communs de l'Hérault nous ont donné des résultats également favorables.

Résumé de la théorie sur les causes du vieillissement des vins.

Nous croyons avoir surabondamment prouvé ce que nous avons avancé, savoir :

1° Que le vin jeune ne vieillit pas et ne peut acquérir toutes les qualités qui lui sont propres, s'il n'est mis en contact avec l'air dont l'oxygène lui est indispensable pour lui faire parcourir toutes les phases de son existence.

2° Par diverses expériences que nous avons citées, dont les unes nous sont personnelles, dont les autres sont empruntées à M. Cazalis-Allut ou à M. de Vergnette-Lamotte, nous avons prouvé que les vins, lorsqu'on favorise leur contact avec l'air, soit en les laissant dans une futaille en vidange, soit en les aérant brusquement, en les faisant traverser par un courant d'air, acquièrent rapidement les qualités des vins vieux.

3° Enfin, nous croyons avoir prouvé que les procédés ordinaires d'élevage des vins et tous ceux qui sont connus et employés pour les faire vieillir rapidement, notamment ceux de Cette et de Mèze, ne produisent des effets rapides et énergiques que parce qu'ils favorisent le contact de l'air avec le liquide, et que le calorique, à qui seul l'on attribuait les effets du vieillissement, ne fait qu'activer la combinaison de l'oxygène de l'air avec les divers principes du vin, d'où résulte leur oxydation.

De tous les faits et de toutes les expériences que nous avons cités, l'on peut tirer, avec M. Pasteur, cette conséquence logique et rationnelle : que l'oxygène de l'air est indispensable pour que le vin puisse accomplir toutes les phases de son existence; qu'il ne peut arriver à l'épanouissement de toutes ses qualités, qu'en absorbant l'oxygène de l'air et en dégageant la plus grande partie du gaz acide carbonique dont il est encore sursaturé au moment de son premier soutirage; que c'est encore l'oxygène de l'air qui modifie le vin nouveau et en fait disparaître le mauvais goût; enfin, que c'est lui qui provoque les dépôts de bonne nature dans les tonneaux et dans les bouteilles, active sa limpidité et développe son bouquet.

Ainsi, une étude plus attentive des phénomènes provoqués dans le vin par son contact avec l'oxygène ont amené les savants à reconnaître que cet agent, que l'on avait considéré jusqu'ici comme l'ennemi du vin, peut devenir un élément précieux pour activer et développer ses qualités et le rendre propre à la consommation dans un espace de temps beaucoup plus court que par les procédés ordinaires d'élevage des vins.

Pourquoi cette théorie, dont l'application doit procurer tant d'avantages, n'a-t-elle pas encore passé dans la pratique? C'est parce qu'elle était inconnue, incomprise ou mal appliquée. Ce que nous en avons déjà dit aura suffi, nous l'espérons, pour en démontrer l'efficacité; il nous reste, pour en propager la vulgarisation, à prouver (comme nous le ferons dans le chapitre suivant) qu'en favorisant le contact de l'air avec le vin, l'on peut hâter le vieillissement de ce liquide sans nuire à ses qualités, et que moyennant certaines précautions nécessaires pour éviter les inconvénients qu'une application mal entendue pourrait entraîner, l'on doit en général en obtenir de bons résultats.

CHAPITRE II

PRATIQUE.

———

Avant de décrire le procédé de vieillissement que nous croyons le plus sûr et le plus avantageux, nous devons avouer à nos lecteurs que, si nous admettons comme vraie et infaillible la théorie que nous avons développée sur les causes du vieillissement du vin, nous serons moins affirmatifs sur les moyens d'application. Nos expériences ne sont pas encore assez nombreuses et le temps qui s'est écoulé depuis n'a pu suffisamment les sanctionner. Quoiqu'elles nous paraissent concluantes, nous ne pouvons encore les indiquer comme devant servir de règle sûre et invariable pour produire le vieillissement du vin. Ce serait peut-être nous exposer à être démentis par les faits. Nous allons cependant indiquer quelle serait, d'après nos essais et les résultats que nous avons obtenus, la manière de procéder qui paraîtrait la meilleure; mais la propriété et le commerce pourront seuls, après des expériences nombreuses et variées, indiquer les modifications que doivent subir les procédés de vieillissement selon la nature, l'âge et les éléments divers qui distinguent chaque nature de vin.

Aération brusque.

Lorsqu'on désirera aérer le vin sur une petite échelle et à titre d'essai, il suffira pour obtenir son vieillissement de prendre, comme nous l'avons déjà expliqué, deux bouteilles de ce vin remplies aux trois quarts, de les agiter vivement et à plusieurs reprises, en les débouchant de temps en temps pour laisser sortir les gaz et favoriser l'entrée de l'air dans les bouteilles. Avec le vin d'une des deux bouteilles ainsi aérée, remplissez complétement l'autre que vous boucherez hermétiquement ; abandonnez-la ensuite au repos avec une bouteille du même vin non aéré. Au bout d'un ou plusieurs mois, vous comparerez le vin non aéré avec celui qui l'aura été ; ce dernier, par l'effet de la combinaison de l'oxygène de l'air avec les éléments qui le composaient, aura perdu en grande partie son goût de vin nouveau, sera devenu très-limpide et aura déposé beaucoup de lie ; sa couleur sera peu altérée dans un vin nouveau et plus sensiblement dans un vin déjà adulte ; enfin, il aura acquis les qualités qui caractérisent un vin vieux, qualités que le vin non aéré ne pourra acquérir que bien longtemps après.

Le même procédé est applicable au vin qui serait

enfermé dans une futaille, et l'on obtiendra les mêmes résultats pourvu qu'on puisse agiter d'une manière quelconque la masse entière du liquide, afin de faciliter son contact avec l'air qui occupe la partie en vidange de la futaille. Cette agitation du vin dans la futaille devra se prolonger en proportion de la capacité de cette dernière ; il conviendra de la déboucher de temps en temps pour faciliter le renouvellement de l'air et, par suite, la combinaison de son oxygène avec les principes oxydables du vin.

Enfin, lorsqu'on voudra procéder au vieillissement d'une grande quantité de vin renfermé dans des foudres ou tonneaux, il conviendra, pour que l'aération soit complète, d'avoir recours à une pompe à air, munie d'un tuyau qui se prolongera jusqu'au fond du tonneau, et dont l'extrémité sera percée d'un grand nombre de petits trous destinés au passage de l'air ; celui-ci, refoulé par la pompe, pénétrera dans la partie inférieure du liquide, et divisé en petites bulles remontera de bas en haut en vertu de sa légèreté ; pendant cette ascension, l'air sera mis en contact avec le vin et lui cédera son oxygène.

Pendant combien de temps doit durer l'opération de l'aération sur une quantité de vin donnée pour obtenir, dans un délai fixé à l'avance, le degré de vieillissement voulu ? Cette question est trop complexe pour qu'on puisse donner une réponse parfaitement satisfaisante. Alors même que la pratique du vieillissement sera répandue dans tous les vignobles, il ne sera pas possible d'établir une règle générale à cet égard. La durée de l'aérage, son intensité, ainsi que le délai nécessaire pour en obtenir un effet salutaire de vieillissement, seront toujours aussi variables que le sont aujourd'hui la durée de la cuvaison pour obtenir les meilleurs vins, ou le dosage de la colle pour obtenir par le collage une clarification parfaite. Une foule de causes rendent ces éléments essentiellement variables, et il n'est pas possible, pour tous les cas qui peuvent se présenter, de les déterminer d'une manière fixe.

Nous pouvons dire seulement qu'il résulte de nos expériences qu'un vieillissement sensible a été obtenu sur des vins soumis aux divers modes d'aération que nous avons indiqués dans un délai qui a varié d'un mois à trois mois.

Il doit être bien entendu que les procédés du vieillissement ne produisent de bons résultats que tout autant qu'ils seront appliqués à des vins sains. Ceux qui sont malades ou ont une prédisposition à le devenir, devront, comme nous l'expliquons plus loin, être préalablement chauffés.

La limpidité et le vieillissement du vin peuvent être obtenus simultanément.

Voici comment nous avons été amenés à cette méthode, qui pourra présenter certains avantages en permettant de pratiquer deux opérations à la fois, le collage et l'aérage du vin.

Nous avions à coller un baril de vin rouge d'une contenance de cinquante litres, une certaine quantité de liquide fut enlevée pour faciliter le mélange intime de la partie restante avec la colle. L'ouvrier chargé d'opérer le mélange de la colle avec le vin s'acquitta très-bien de cette opération, il prolongea même un peu plus longtemps qu'on ne fait habituellement l'agitation du vin dans la petite futaille, il la débouchait de temps en temps pour permettre la sortie des gaz qui se formaient à la suite de l'agitation qu'il faisait subir à ce liquide; cette manœuvre favorisait ainsi l'introduction d'une nouvelle quantité d'air, en remplacement de celui entraîné par la sortie des gaz ou combiné avec les éléments du vin.

Lorsque le vin fut jugé suffisamment limpide, il fut mis dans des bouteilles que l'on plaça à côté de celles qui avaient été remplies avec le vin extrait du baril avant le collage.

Quelques mois après, il résulta de la comparaison du vin collé et non collé que, non-seulement le premier était beaucoup plus limpide, ce qui était la conséquence du collage, mais qu'il avait acquis le bouquet et la couleur d'un vin vieux.

La théorie de M. Pasteur sur les causes du vieillissement du vin, nous explique suffisamment les changements que nous venons de signaler dans le vin collé au point de vue de sa décoloration et de son bouquet.

L'aération peut améliorer les vins en leur enlevant une partie des acides qu'ils contiennent.

L'oxygène de l'air fait éprouver les effets les plus sensibles non-seulement à la partie colorante des vins, mais elle porte encore son action sur ses autres principes.

« J'ai reconnu, dit M. Pasteur, que, par suite du
« contact de l'air avec le vin, une partie des acides
« qu'il contenait était comme brûlée ; un vin d'Arbois
« exposé à la lumière dans une bouteille avec son
« volume d'air avait perdu en six mois douze pour
« cent de son acidité totale.

C'est au viticulteur et au négociant à tirer parti de l'indication fournie par M. Pasteur, afin d'arriver à une méthode certaine pour corriger dans une juste mesure l'acidité et la rudesse de certains vins.

Précautions à prendre pendant l'aérage des vins.

Il ne faut pas oublier que s'il est prouvé et reconnu que l'air est indispensable au vin pour l'aider à accomplir toutes les phases de son existence et acquérir toutes ses qualités, il est aussi démontré de la manière la plus évidente que l'air mis en contact avec le vin peut servir de véhicule pour faire arriver jusqu'à lui les germes des ferments qui sont la cause de toutes les altérations ou maladies qu'il éprouve.

Le problème à résoudre est donc celui-ci : Trouver le moyen d'aérer le vin sans l'exposer à contracter des altérations fâcheuses.

La solution ne présente pas autant de difficultés qu'on pourrait le croire.

Les vins, lorsqu'ils ont été faits avec soin, ne renferment pas toujours des germes de mauvaise nature, et l'air lui-même ne contient pas toujours ces germes à foison.

Parmi ces germes, les plus répandus dans l'air sont ceux du *mycoderma vini,* qui nous paraissent très-voisins de ceux des moisissures et ceux du *mycoderma aceti ;* mais si nous croyons les expériences sans nombre que nous avons faites, ces germes, surtout les derniers, ne se développent que dans certains vins et toujours à la surface en contact avec l'air atmosphérique, surface que l'on peut faire disparaître par des ouillages.

Aussi l'expérience nous a-t-elle démontré qu'un vin confectionné avec des raisins provenant de bons cépages, cueillis dans des conditions favorables de maturité et de santé, traités ensuite, soit dans la cuve, soit dans le foudre suivant les bonnes règles, c'est-à-dire soutiré et collé en temps opportun, peut être aéré avec très-peu de risques d'altération.

Quant aux vins que l'on saurait ou que l'on soupçonnerait seulement ne pouvoir résister à l'opération de l'aération, il faudrait les chauffer préalablement pour détruire les germes de maladie qu'ils contiennent, et opérer l'aérage de manière à ne pas risquer d'y introduire de nouveaux germes.

Cette dernière condition, qui paraîtra à plusieurs de nos lecteurs impossible à obtenir, peut cependant être réalisée avec la plus grande facilité.

Pour être sûr du succès, il suffit d'opérer l'aération en injectant l'air dans la masse du liquide comme nous l'avons expliqué précédemment, avec la seule précaution de placer sur le trajet de l'air un petit récipient rempli de coton, et que l'air soit obligé de traverser avant de pénétrer dans le liquide.

Il est démontré par des milliers d'expériences et admis aujourd'hui par tout le monde, que l'air ainsi filtré à travers le coton s'y est débarrassé de toutes ses impuretés et surtout de tous les germes qu'il contient. Il suffira seulement de renouveler le coton, à de longs intervalles.

Nous croyons pouvoir affirmer qu'un vin quelconque, que l'on voudra traiter par cette méthode, vieillira sans risques de se gâter : 1° si on le chauffe préalablement, et 2° si l'on y fait entrer de l'air qui rencontre sur son trajet et avant son introduction dans le vin, un filtre en coton.

*Effets et conséquence de l'aération. — Le vin
peut devenir trouble.*

« Si au moyen d'un gazomètre, dit M. de Ver-
« gnette-Lamotte, nous faisons passer un courant d'air
« au travers d'un vin plus ou moins riche en matières
« colorantes, ce vin rompt, c'est-à-dire se trouble et
« donne un abondant dépôt. Lorsque au bout de
« quelques mois il s'est suffisamment éclairci, on
« reconnaît qu'il est moins coloré qu'avant l'opéra-
« tion, que sa couleur a pris la nuance de la pelure
« d'oignon et qu'il a très-sensiblement vieilli dans
« ce travail; il est surtout plus sec et plus maigre
« que le vin qui n'a pas subi cette opération. »

Nous ferons observer que cette dernière appréciation de M. de Vergnette-Lamotte sur les conséquences
de l'aérage est surtout applicable aux vins des grands
crus de la Bourgogne, et que dans un autre passage
il avance, au contraire, que cette méthode peut produire des effets avantageux sur les vins communs,
durs et acides.

Nous n'entendons pas soutenir cette thèse, que
dans tous les cas l'aération, en vue du vieillissement,
soit toujours un procédé favorable à l'amélioration
des vins; nous pensons, au contraire, qu'il doit y avoir
beaucoup d'exceptions à cet égard, et que ce n'est
qu'en procédant avec prudence et au moyen de petits

essais préalables, que l'on arrivera à connaître les conditions d'aérage qui peuvent être plus ou moins salutaires ou défavorables aux vins, selon leur nature et leur composition.

Le trouble du vin survenant après son aération, s'explique par l'affinité de l'oxygène de l'air pour tous les principes qui constituent ce liquide. Après une aération forcée, le vin contient en dissolution une certaine quantité d'oxygène qui ne se combine que petit à petit avec les divers éléments du vin, qui sont en état de le retenir définitivement. Cette combinaison se continue tant qu'il y a dans le vin de l'oxygène libre, et dès lors on comprend que le liquide peut rester trouble jusqu'à ce que les dépôts, souvent considérables, dus à cette oxydation soient effectués.

Suite des conséquences de l'aération. — Le vin peut contracter le goût d'évent.

Ce goût d'évent, que l'on reconnaît dans le vin à la suite de son aération, tient à la présence dans ce liquide d'un excès d'oxygène libre qui n'est pas encore combiné chimiquement. D'après M. Pasteur, la première influence de l'oxygène sur le vin n'est pas l'influence durable ; ce ne sera pas celle qui sera constatée après un certain temps si le vin est conservé à l'abri d'une oxydation nouvelle. L'effet de

7.

l'oxygène ne se complète pas tout de suite : un vin que l'on viendrait d'éventer et que l'on renfermerait ensuite en un vase bien clos et bien plein, à l'abri de toute absorption nouvelle d'oxygène, déposerait et changerait de teinte dans quelque temps sous l'influence de l'oxygène de l'air qu'il aurait absorbé antérieurement et dont les effets sur le vin n'étaient pas encore accomplis.

En résumé, après une aération forcée, pour obtenir le plus tôt possible la limpidité du vin et en faire disparaître le goût d'évent qu'il aurait pu avoir contracté, il est très-important de placer le liquide dans un vase bien clos et bien plein. Cette prescription a pour but de soustraire le vin qui a été soumis à l'aération, au contact de l'oxygène de l'air, et comme conséquence, d'empêcher toute combinaison chimique nouvelle du liquide avec cet élément; dans ces conditions, l'oxygène libre que l'aération avait introduit dans le vin se sera bientôt combiné avec la partie colorante ou les autres principes qui en sont très-avides. L'oxydation de ces principes cessera avec la disparition de l'agent qui la provoquait, ce qui amènera : 1° la limpidité du liquide par suite des dépôts composés d'éléments insolubles dus à cette oxydation; 2° la cessation du goût d'évent qui n'était provoqué que par la présence de l'oxygène libre qui existait dans le vin.

NOTE A.

---

§ 1. — *Cuvages prolongés. — Ils compromettent la solidité du vin.*

On a beaucoup discuté dans ces derniers temps sur les avantages ou les inconvénients de la durée des cuvages. Pour nous, nous sommes convaincus que les cuvages de courte durée sont préférables.

Les vignerons intelligents sont aujourd'hui unanimes à reconnaître que les cuvages prolongés favorisent l'introduction dans la cuve des ferments de mauvaise nature qui provoquent l'altération du marc formant le chapeau; ils savent que, malgré l'enlèvement de la partie supérieure dudit chapeau, dans laquelle on aperçoit des traces d'altération, le mal peut avoir pénétré dans les couches plus profondes, et que par conséquent les cuvages prolongés peuvent compromettre la solidité des vins.

Dans les pays produisant les vins des grands crus, on ne laisse cuver la vendange que trois ou quatre

jours au plus. Cette pratique était admise généralement comme bonne dans le département de l'Hérault.
Il y avait autrefois et il existe dans ce département
des caves banales nommées *trels* dans lesquelles on
loue des cuves à raison de tant par muid. Dans ces
caves le prix du loyer ne s'applique qu'à une durée de
cuvage de trois nuits. Lorsque les propriétaires viticulteurs ont des cuves libres ils les louent dans les mêmes
conditions à ceux qui n'en ont pas.

Dans la Lorraine, on attache une telle importance
au peu de durée des cuvages, qu'on emploie, pour
hâter et favoriser la fermentation alcoolique, une
méthode qui consiste à brasser la vendange pendant
quarante-huit heures sans interruption. Cette méthode
est recommandée par MM. Gay-Lussac, Payen et de
Vergnette-Lamotte.

Enfin l'expérience a démontré à tous les vignerons
observateurs que les vins qui s'altèrent proviennent
presque toujours des vendanges qui ont séjourné
longtemps dans la cuve.

Nous n'hésitons donc pas à recommander les cuvages de courte durée.

§ 2. — *Les cuvages prolongés n'augmentent pas la
coloration du vin.*

La persistance du vigneron à employer les cuvages
prolongés ne peut être attribuée qu'à la croyance

que ces cuvages contribuent à augmenter la coloration du vin, à laquelle le commerce attache tant d'importance. Nous croyons que ces vignerons sont dans l'erreur, et notre conviction s'appuie sur des expériences comparatives que tout le monde peut répéter.

Nous avons tiré d'une cuve des échantillons de vin à diverses époques du cuvage : il est résulté de la comparaison des échantillons que ceux que nous avons extraits de la cuve le quatrième jour ont été aussi colorés que ceux que nous en avons tirés successivement les sixième, huitième, dixième, etc., et jusqu'au seizième jour. Nous avons même observé un phénomène auquel nous ne nous attendions nullement : c'est que le vin continue pendant quelques jours à se colorer alors même qu'il n'est plus en contact avec le marc.

Voici comment nous avons pu constater ce fait : en tirant de la cuve le deuxième échantillon et en le comparant avec celui qui en avait été extrait deux jours auparavant, à notre grande surprise, ce dernier fut trouvé plus foncé.

Deux jours après, en sortant de la cuve le troisième échantillon, nous constatâmes que le deuxième s'était foncé et était à peu près pareil au premier, mais que la coloration du troisième était inférieure à celle des deux autres.

Cette remarque fut renouvelée pour tous les échantillons jusqu'au sixième et dernier, dont le vin était dans la cuve depuis seize jours.

Constamment l'échantillon tiré le dernier était moins coloré que les précédents, et le vin continuait toujours à se foncer après avoir été tiré de la cuve.

Enfin, après quelques jours, tous les échantillons prirent la même teinte et il ne fut pas possible de constater la moindre différence au point de vue de leur coloration.

Les résultats de ces expériences ont été confirmés par celles de divers propriétaires viticulteurs qui ont bien voulu nous en faire part; aussi ne peut-il exister pour nous aucun doute sur la vérité de cet axiome : *Les cuvages prolongés rendent les vins moins solides sans augmenter leur coloration.*

Ce phénomène s'explique facilement en admettant, ce que nous croyons vrai, que la matière colorante des raisins n'est réellement soluble en notable proportion que dans l'alcool à l'état naissant, c'est-à-dire au moment même de sa production dans l'acte de la fermentation.

§ 3. — *Nouvelle méthode de brassage pour les pays de grande production.*

De tout ce qui précède on doit conclure que la méthode de brassage ou pelletage pratiquée en Lorraine est excellente, soit parce qu'elle rend la fermentation plus rapide, et permet de décuver au bout de très-

peu de temps, soit encore parce qu'elle met en contact la pellicule du raisin avec l'alcool au moment
même de sa création, et que par conséquent elle réunit
les deux avantages de produire du vin très-solide et
d'une grande coloration. Il serait donc à désirer que
cette méthode pût se généraliser; mais comme elle
nous paraît impraticable pour les pays de grande
production, nous conseillons d'y substituer, pour ces
derniers vignobles, la méthode suivante qui est d'une
application plus facile et moins dispendieuse. Comme
celle du brassage et du pelletage, elle a pour but de
faciliter pendant l'acte de la fermentation le contact
des parties solides et liquides de la vendange. Voici
en quoi elle consiste :

Lorsqu'on reconnaît que la fermentation de la cuve
est bien établie, au moyen d'une longue perche pointue,
on pique le marc sur divers points de manière à le
traverser et à arriver jusqu'au liquide. Ces espèces
de cheminées qu'il faut maintenir ouvertes permettent
aux torrents de gaz acide carbonique de se séparer
facilement du liquide, au fur et à mesure de leur production, sans avoir à vaincre constamment la résistance de la masse du marc qui s'opposait à leur sortie.
Comme conséquence, le marc, n'étant plus soulevé
par la pression des bulles de gaz qui tendent à se dégager, reste à peu près plongé en entier dans le vin, avec
lequel il est en contact immédiat pendant l'acte vital
de la fermentation. On comprend que ces conditions

doivent être favorables pour provoquer une fermentation rapide et régulière, et qu'en facilitant la dissolution des parties colorantes et du tanin, on puisse
obtenir des vins plus robustes et d'une plus grande
coloration.

NOTE B.

—

§ 1. — *Marche du liquide dans les divers organes
de l'appareil.*

Le vin destiné à être chauffé est d'abord élevé dans
un réservoir placé à quelques mètres de hauteur au-
dessus de l'appareil.

Par le tuyau d'introduction du vin, figuré dans le
dessin, il pénètre, à travers l'enveloppe du réfrigérant, dans la partie inférieure de son organe intérieur,
parcourt sa capacité cylindro-annulaire et arrive ainsi
à la partie supérieure dudit organe, d'où il sort par
un tuyau qui relie la partie supérieure de l'organe du
réfrigérant à la partie supérieure de l'organe du caléfacteur. Le vin parcourt ensuite, en circulant de
haut en bas, l'intérieur de l'organe du caléfacteur, et
après avoir acquis dans ce trajet son maximum de
température qui lui a été transmis par le bain-marie,
il sort par le bas de l'organe du caléfacteur pour pé-

nétrer dans la partie supérieure des cavités du réfrigérant, autres que celles formant l'intérieur de son organe.

Pendant ce trajet, le liquide passe dans une boule où est placé le thermomètre qui sert à constater sa température maximum.

Enfin, le vin arrivé, comme nous venons de le dire, dans la partie supérieure des cavités du réfrigérant, les parcourt de haut en bas, arrive à la fin de sa course, et sort définitivement de l'appareil par le robinet qui règle sa sortie.

Il résulte de la description des divers organes dont se compose l'appareil et de la marche indiquée pour le liquide, que dans le réfrigérant, le vin froid entrant, circule de bas en haut, et le vin chaud sortant, de haut en bas, séparés l'un de l'autre par une très-petite épaisseur métallique. Pendant ce trajet les deux liquides font entre eux, pour se mettre en équilibre de température, un échange de calorique qui est plus ou moins complet suivant leur vitesse de circulation. Dans un fonctionnement normal, le vin qui entre froid dans l'appareil doit, avant sa sortie du réfrigérant, avoir emprunté au vin chaud, circulant en sens contraire, assez de calorique pour n'avoir à acquérir, en traversant le bain-marie du caléfacteur, que quelques degrés pour arriver à la température maximum voulue.

Supposons que la température initiale du liquide soit de 15 degrés à son entrée ;

Celle de son maximum à acquérir 60 degrés ;

La température du liquide qui était de 15 degrés à son entrée dans le réfrigérant devra s'être élevée à 45 degrés avant sa sortie, et n'aura plus dès lors à acquérir que 15 degrés en traversant le bain-marie du caléfacteur.

L'appareil est muni de trois robinets de vidange : un pour l'eau et deux pour le vin, ainsi que de trois tuyaux d'air qui sont utiles pendant le remplissage, la vidange et le fonctionnement de l'appareil.

§ 2. — *Qualités qui distinguent l'appareil.*

1° Le vin est chauffé au bain-marie.

2° En vase hermétiquement clos, à l'abri du contact de l'air, et sous une pression suffisante pour empêcher que le dégagement des gaz ne gêne la circulation du liquide à travers les divers organes de l'appareil. Ces trois conditions sont nécessaires pour éviter toute évaporation de la partie alcoolique et préserver la couleur du vin de toute altération.

3° Après être resté à la température maximum pendant un temps dont on peut, à volonté, fixer la durée, le liquide se refroidit avant sa sortie en cédant une partie de sa chaleur au liquide qui entre dans l'appareil pour y subir l'opération du chauffage.

Cette combinaison permet au liquide, après avoir été élevé au maximum de température, de sortir de l'appareil à une autre température que l'on peut faire varier à volonté, mais qui est d'autant plus basse que l'on opère plus lentement, et qui pour un fonctionnement normal de 12 hectolitres à l'heure, ne dépasse pas de 12 à 15 degrés la température qu'avait le liquide avant son entrée dans l'appareil.

Cette basse température du vin à sa sortie empêche sa décoloration.

Il est prouvé aujourd'hui scientifiquement, et pratiquement par nos propres expériences :

1° Que le vin exposé au contact de l'air en absorbe l'oxygène qui, par sa combinaison avec la partie colorante, produit son altération;

2° Que la chaleur ne fait que hâter cette oxydation comme elle active ordinairement toutes les actions chimiques.

Cette question sera développée plus tard, lorsque nous traiterons du vieillissement du vin.

Lors donc qu'on aura intérêt à ce que la couleur du vin ne subisse aucune altération, il faudra surveiller le thermomètre qui accuse la température du vin à sa sortie, afin de ne pas dépasser 35 degrés. En modérant le feu, ou en fermant un peu le robinet de sortie, on atteindra facilement ce résultat.

4° Les divers organes de l'appareil sont disposés pour favoriser une double circulation en sens contraire entre le vin sortant, qui a reçu son maximum de température, et le vin entrant auquel on veut faire subir l'opération du chauffage. A travers les minces parois des organes dans lesquels a lieu cette circulation en sens inverse, le vin chaud, avant sa sortie, cède au vin froid entrant la majeure partie de son calorique, de manière que ce dernier, lorsqu'il pénètre dans l'organe du caléfacteur, n'a plus à acquérir que quelques degrés pour arriver au maximum voulu.

Cette combinaison permet au liquide de sortir de l'appareil à une température relativement basse, et, de plus réduit la dépense de combustible à des proportions insignifiantes, soit 2 centimes environ par hectolitre de vin chauffé, lorsque le prix de la houille ne dépasse pas 3 francs les 100 kilogrammes : 5 à 6 hectogrammes de houille sont en effet suffisants pour chauffer à 60 degrés un hectolitre de vin.

5° Ce système fonctionnant d'une manière continue, avec un appareil de médiocre grandeur, on peut faire subir le traitement du chauffage à de très-grandes quantités de vin, soit 12 hectolitres à l'heure pour le fonctionnement normal dont nous avons parlé plus haut, et pour un appareil dont le dessin est représenté pages 66 et 67.

6° Le vin peut être porté en très-peu de temps à la température qu'on désire lui faire acquérir, sans que l'on risque de dépasser sensiblement cette température.

7° Le liquide reste à la température à laquelle on a voulu le soumettre pendant aussi peu ou autant de temps qu'on le désire.

M. Pasteur affirme que quelques minutes (une seule) sont suffisantes pour anéantir dans le vin les germes des fermentations. Les résultats que nous avons obtenus sont d'accord avec les affirmations de M. Pasteur; mais si, exceptionnellement et pour quelques vins, il était nécessaire de les maintenir à cette température maximum, il suffirait, sans rien changer aux dispositions de l'appareil, de faire traverser au vin chaud sortant du caléfacteur un récipient intermédiaire entre le caléfacteur et le réfrigérant, et plus ou moins grand, suivant l'espace de temps pendant lequel on voudrait conserver au vin sa température maximum.

8° La température à laquelle on veut soumettre le liquide ainsi que celle qu'on veut lui conserver à sa sortie, se règle, soit par la simple manœuvre d'un robinet, soit en activant ou en ralentissant un peu la flamme du foyer.

9° La conduite de l'appareil n'offre aucune difficulté et peut être confiée à un simple ouvrier.

10° L'appareil enfin, dans le cas où il risquerait de s'obstruer ou de s'encrasser, est facile à démonter et à nettoyer.

§ 3. — *Instruction relative au fonctionnement de l'appareil.*

1° Le vin à chauffer doit être élevé dans un réservoir d'alimentation placé à 2 mètres environ au-dessus de la partie supérieure de l'appareil. Cette différence de niveau doit produire la pression nécessaire pour la circulation régulière du liquide dans les divers organes de ce dernier, et empêchera un dégagement trop considérable de gaz pendant le chauffage du liquide.

Ce réservoir devra être d'une capacité suffisante pour alimenter l'appareil pendant une heure d'un fonctionnement normal. Au moyen de cette réserve, on n'aura pas à tout instant à s'occuper du remplissage du réservoir. D'un autre côté, l'appareil fonctionnant à jet continu, si par la négligence du manouvrier chargé de l'alimenter, le réservoir venait à se vider complétement, il en résulterait que l'appareil se viderait à son tour : de là une perturbation dans son fonctionnement, une perte de temps assez longue, enfin une irrégularité considérable dans la température à laquelle on voulait soumettre le vin.

2° On n'allumera le fourneau que lorsque l'appareil sera rempli de vin, et que le caléfacteur contiendra l'eau destiné à servir de bain-marie. Lorsque cette eau aura acquis une température telle que la main ne puisse plus supporter le contact de l'enveloppe extérieure du caléfacteur, l'on ouvrira le robinet de sortie du liquide de manière que le débit en soit peu abondant, mais suffisant pour établir la circulation dans les divers organes de l'appareil. Le thermomètre accusera au bout de quelques instants la température du vin sortant de l'organe intérieur du caléfacteur, température qui s'élèvera progressivement avec celle de l'eau du bain-marie.

Lorsque le thermomètre accusera environ 50 degrés, on augmentera l'ouverture et le débit du robinet de sortie ; enfin, le foyer étant en bon état, en réglant l'ouverture du robinet de sortie, il arrivera un moment où le thermomètre accusera une température à peu près constante et maximum, à laquelle on voudra porter le vin destiné à être chauffé. C'est dans ce moment que l'opération est en train.

3° Les quatre ou cinq hectolitres de vin qui sortiront les premiers de l'appareil n'auront pas subi l'opération du chauffage ou l'auront subi incomplétement ; ils devront être élevés de nouveau dans le réservoir d'alimentation. Il ne sera pas nécessaire d'en agir ainsi chaque matin à la reprise du chauffage, parce que le vin qui coulera par le robinet de sortie aura déjà subi cette opération la veille.

4° Si l'on doit recevoir le vin à la sortie de l'appareil dans des futailles placées sous le robinet de sortie, afin d'exposer le moins possible le vin au contact de l'air, on devra adapter audit robinet un tuyau plongeur qui le conduira directement au fond de la futaille. Celle-ci, une fois pleine, devra être bouchée hermétiquement. Si, au contraire, on veut envoyer après le chauffage le vin dans de grands foudres, on fera mieux de les remplir par le bas que par le haut ; mais si on les remplit par le haut, nous conseillerons encore l'emploi d'un tuyau plongeur.

Nous n'avons pas besoin d'ajouter que, dans les deux cas, il faut avoir une différence de niveau d'environ 2 mètres entre le réservoir alimentaire et le point le plus haut où l'on doit envoyer le vin.

Nous recommanderons encore de donner aux tuyaux qui portent le vin, soit du réservoir alimentaire dans l'appareil, soit de ce dernier dans les tonneaux, un diamètre considérable ; 35 à 40 millimètres nous paraissent la dimension au-dessous de laquelle il ne faut jamais descendre. Il ne faut pas non plus que ces tuyaux présentent des coudes à angles vifs.

Si l'on néglige ces précautions, il pourra arriver qu'on ne puisse donner à l'appareil toute l'activité dont il est susceptible.

5° Trois tuyaux fixés aux divers sommets de l'appareil et en communication avec l'air extérieur, servent à faciliter l'entrée et la sortie de l'air. Ces mêmes tuyaux servent aussi à la sortie des gaz qui, pendant le chauffage, se dégagent constamment du liquide; ils doivent rester toujours ouverts pendant le remplissage, le fonctionnement et la durée de la vidange. La moindre infraction à cette règle pourrait entraîner des déchirures ou des écrasements dans un ou plusieurs organes de l'appareil. Il est inutile de faire remarquer que l'extrémité de ces tuyaux doit être à un niveau supérieur à celui du réservoir alimentaire.

Tant que la température du vin soumis à l'opération du chauffage ne dépasse pas 60 degrés, il n'y a pas lieu de se préoccuper des gaz qui se séparent du liquide pendant les quelques minutes où il reste soumis à cette température. Ces gaz sont composés en grande partie d'acide carbonique (*). Il en serait autrement si l'on voulait, pour vieillir le vin ou pour

---

(*) Cette évacuation de gaz acide carbonique provoquée par la température que subit le liquide, est, selon nous, une des causes qui contribuent le plus à la clarification rapide qu'éprouve le vin à la suite du chauffage; elle peut contribuer aussi à faire disparaître l'âpreté et la rudesse du vin, qui tient en partie à la présence de ce gaz dans le liquide. Ces gaz, qui dans un vin ordinaire ne s'en séparent qu'à la longue et insensiblement, soit à chaque élévation de température ou à chaque diminution de pression barométrique, par leur mouvement dans le liquide, empêchent les matières étrangères et flottantes de se déposer et retardent, par conséquent, sa clarification. En outre, c'est la présence de ce gaz qui empêche le vin de se faire et retarde le moment où il est vendable.

tout autre motif, élever cette température jusqu'à 80 degrés et au delà, le gaz acide carbonique serait mélangé en plus ou moins grande quantité de vapeurs alcooliques, qu'il serait facile de recueillir et de condenser au moyen d'un plongeur adapté à l'extrémité des tuyaux dont nous avons parlé et servant à l'évacuation des gaz. Ce plongeur aboutirait dans le vin même du réservoir alimentaire.

6° Si le foyer est constamment entretenu en bon état, et le débit restant constant au moyen d'une certaine ouverture du robinet de sortie, les oscillations du thermomètre seront peu importantes et ne s'étendront pas au delà de 2 ou 3 degrés au-dessus ou au-dessous du degré maximum que l'on voulait obtenir. Ces oscillations inévitables proviennent 1° de la pression due à la hauteur plus ou moins grande du liquide dans le réservoir d'alimentation, pression qui influence le débit du robinet de sortie; 2° de l'activité plus ou moins grande du foyer.

7° Il importe beaucoup, à moins d'une nécessité indispensable, que pendant la durée du chauffage la circulation du liquide ne soit pas brusquement interrompue par la fermeture du robinet de sortie. Cette fermeture entraînerait, pour peu qu'elle se prolongeât, des oscillations très-grandes dans la température du vin soumis au chauffage; en effet, la température de l'eau du bain-marie, à qui le vin en cessant de circuler n'enlèverait plus son calorique, s'élèverait bientôt jusqu'à l'ébullition et le vin renfermé dans l'organe du caléfacteur, en se mettant en équilibre de température avec l'eau du bain-marie, produirait des vapeurs alcooliques et contracterait le goût de cuit.

8° Si l'on était dans l'obligation, pendant l'opération du chauffage du liquide, d'avoir recours pour un temps assez long à la fermeture du robinet de sortie, il faudrait procéder de la manière suivante : on ralentirait l'intensité de la flamme du foyer jusqu'à ce que le thermomètre n'accusât plus que 35 ou 40 degrés, alors sans inconvénient l'on pourrait fermer pendant un certain temps le robinet de sortie, en se hâtant cependant de rétablir le plus tôt possible les choses dans leur état normal.

9° Tous les soirs, lorsqu'on voudra cesser le chauffage, on aura soin, après avoir laissé ralentir progressivement l'activité du foyer, de l'éteindre complétement.

10° Enfin, lorsqu'on devra interrompre l'opération pendant plus de cinq à six jours, il conviendra de ne pas laisser l'appareil rempli de liquide, mais de le vider et d'en fermer toutes les issues. Cependant, comme le vin qui occupe toute la capacité de l'organe intérieur du réfrigérant n'a pas subi l'opération du chauffage, aussitôt qu'on s'apercevra que tout le liquide contenu dans le réservoir d'alimentation touche à sa fin, on recevra le vin chauffé, sortant de l'appareil jusqu'à concurrence de 4 à 5 hectolitres, dans un vase particulier, et on le reversera dans le réservoir. Ce vin chauffé viendra remplacer dans l'organe du réfrigérant le vin non chauffé, et de cette manière tout le vin qui occupait les diverses cavités de l'appareil aura subi l'opération du chauffage.

TABLE DES MATIÈRES

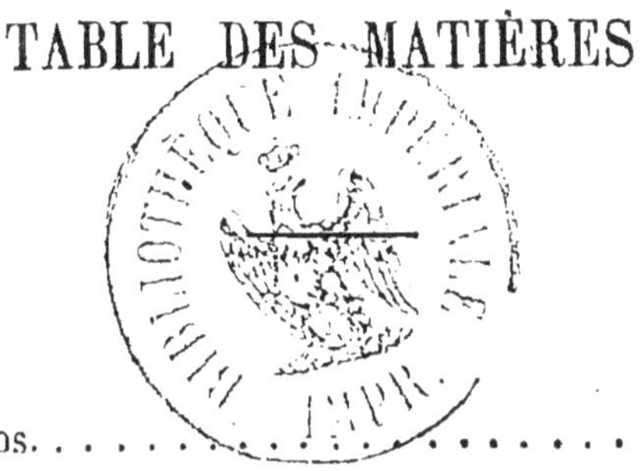

DEUXIÈME PARTIE.

APPLICATION DU CHAUFFAGE AU MUTAGE DES VINS.

CHAPITRE Ier.

CHAPITRE II.

CHAPITRE III.

TROISIEME PARTIE.

VIEILLISSEMENT DU VIN.

CHAPITRE Ier.

CHAPITRE II.

NOTE A.

FIN.

Paris. — Imprimé par Cusset et Ce, rue Racine, 26.

CATALOGUE

DE LA

LIBRAIRIE AGRICOLE

DE

LA MAISON RUSTIQUE

RUE JACOB, 26, A PARIS

PAR ORDRE DE MATIÈRES ET NOMS D'AUTEURS

MAI 1868

DÉSIGNATION DU CATALOGUE

AVIS IMPORTANT

Toute commande de livres publiés à Paris, si elle est faite par un abonné du *Journal d'agriculture pratique*, de la *Revue horticole* ou de la *Gazette du village*, et accompagnée du prix de ces livres en un mandat sur Paris, ou, ce qui est plus sûr, en un bon de poste dont on garde la souche, qui sert de quittance, est expédiée sur tous les points de la *France*, de l'*Algérie*, de l'*Italie*, de la *Belgique* et de la *Suisse*, *franco*, au prix marqué dans les catalogues, c'est-à-dire au même prix qu'à Paris.

Les commandes de plus de 50 francs, faites dans les mêmes conditions, sont expédiées *franco* et sous déduction d'une *remise de dix pour cent.*

Quel que soit le chiffre de la commande, la remise est toujours de *dix pour cent* pour les abonnés, lorsque, au lieu d'expédier par la poste les ouvrages demandés, la *Librairie agricole* les livre au comptant à Paris.

Le catalogue de la *Librairie agricole* est expédié *franco* à toute personne qui en fait la demande *franco*.

On ne reçoit que les lettres affranchies.

MAISON RUSTIQUE DU XIXᴱ SIÈCLE

CINQ VOLUMES GRAND IN-8 A DEUX COLONNES

.ÉQUIVALANT A 25 VOLUMES IN-8 ORDINAIRES, AVEC 2,500 GRAVURES

REPRÉSENTANT

LES INSTRUMENTS, MACHINES, ANIMAUX, ARBRES, PLANTES, SERRES
BATIMENTS RURAUX, ETC.

PUBLIÉS SOUS LA DIRECTION DE

MM. BAILLY, BIXIO ET MALPEYRE

TABLE DES PRINCIPAUX CHAPITRES DE L'OUVRAGE

TOME Iᵉʳ. — AGRICULTURE PROPREMENT DITE

Climat.	Labours.	Conservation des récoltes.	Plantes-racines.
Sol et sous-sol.	Ensemencements.		Plantes fourragères.
Amendements.	Arrosements.	Voies de communication.	Maladies des végétaux.
Engrais	Irrigations.		
Défrichement.	Récoltes.	Céréales.	Animaux et insectes nuisibles.
Desséchement.	Clôtures.	Légumineuses.	

TOME II. — CULTURES INDUSTRIELLES, ANIMAUX DOMESTIQUES

Plantes oléagineuses.	Houblon.	Pharmacie vétérinaire.	Cheval, âne, mulet
Plantes textiles.	Mûrier.		Races bovines.
— économiques.	Arbres olivier.	Maladies des animaux.	Races ovines.
— potagères.	— noyer.		Races porcines.
— médicinales.	— de bordures.	Anatomie.	Basse-cour.
— aromatiques.	— de vergers.	Physiologie.	Lapin, pigeon.
— tinctoriales.	Animaux domestiques.	Élevage et engraissement.	Chiens.

TOME III. — ARTS AGRICOLES

Lait, beurre, fromage.	Laine.	Lin, chanvre.	Résines.
	Vers à soie.	Fécule.	Meunerie.
Incubation artificielle.	Abeilles.	Huiles.	Boulangerie.
	Vins, eaux-de-vie.	Charbon, tourbe.	Sels.
Conservation des viandes.	Cidres, vinaigres.	Potasse, soude.	Chaux, cendres.
	Sucre de betterave.		

TOME IV. — FORÊTS, ÉTANGS; ADMINISTRATION; CONSTRUCTION

Pépinières.	Empoissonnement.	Administration.	Constructions.
Arbres forestiers.	Législation rurale.	Choix d'un domaine.	Attelages.
Culture des forêts.	Droits de propriété.	Estimation.	Mobilier.
Exploitation.	Bail, Cheptel.	Acquisition.	Bétail, engrais.
Abatage.	Biens communaux.	Location.	Systèmes de culture
Estimation.	Police rurale.	Améliorations.	Ventes et achats.
—	Aménagement.	Capital.	Comptabilité.
Pêche, Étangs.	Plantation.	Personnel.	

TOME V. — HORTICULTURE

Terrain, engrais.	Semis-greffes.	Jardin fruitier.	Plans de jardins.
Outils, paillassons.	Pépinières.	— fleuriste.	Calendrier du Jardinier.
Couches, bâches.	Taille.	— potager.	
Terres.	Arbres à fruits.	Culture forcée.	— du forestier.
Orangerie.	Légumes.	Fleurs.	— du magnanier.

Prix des 5 volumes (ouvrage complet). . . . . 39 fr. 50

Chaque volume pris séparément. . . . . 9 fr. »

Il n'y a pas d'agriculteur éclairé, pas de propriétaire qui ne consulte assidûment la *Maison rustique du dix-neuvième siècle ;* ce livre, expression la plus complète de la science agricole pour notre époque, peut former à lui seul la bibliothèque du cultivateur. 2,500 gravures réparties dans le texte parlent aux yeux et donnent aux descriptions une grande clarté.

AGRICULTURE — ÉCONOMIE RURALE

ALLIOT.

Maladies des végétaux (Origine des) et des animaux herbivores, moyens de les prévenir par le drainage, par Alliot. 92 p. in-8. 1 50

ALMANACH.

Almanach du Cultivateur, par les Rédacteurs de la *Maison rustique*. 192 pages in-18 et 85 gravures. . . . . » 50
    Une nouvelle édition de cet almanach est publiée chaque année.

ANNALES.

Annales de l'Institut agronomique de Versailles. 1 vol. in-4 de 418 pages avec 4 planches. 3 50

BARRAL et DE CÉRIS.

Bon Fermier (Le), par Barral, et pour les nouveautés, par de Céris. Aide-mémoire du Cultivateur. 1 volume in-12 de 1,495 pages et 100 gravures. . . . . 7 »
    Ouvrage contenant : le calendrier détaillé — le tableau des foires de chaque département — des tables usuelles pour la détermination du poids du bétail et pour les principaux besoins de l'agriculture — les travaux agricoles de chaque mois pour toutes les parties de la France — les distilleries — féculeries — brasseries et autres industries annexées aux exploitations rurales — la mécanique agricole complète, avec description et gravure des meilleurs instruments aratoires, machines, etc.
    Une nouvelle édition du *Bon Fermier* est publiée tous les ans, avec revue de l'année écoulée et addition des nouveautés, par de Céris.

BERTIN.

Chemins vicinaux (Des), par Amédée Bertin. in-8 de 111 p. 1 »

Statistique des subsistances (De la), par A. Bertin. 1 vol. in-12 de 96 pages. . . . . » 50

BODIN.

Agriculture (Éléments d'), par Bodin. 4e édition. 1 vol. in-18 de 360 pages. 1 75

BONNIER.

De l'assistance publique, par le même. 1 vol. in-8 de 224 p. 3 »

Monographies agricoles, par Bonnier. 1 vol. in-12 de 168 p. 1 25

Statistique agricole et industrielle de l'arrondissement de Valenciennes, par Bonnier, juge de paix, président du Comice agricole de Condé. 1 vol. in-8 de 178 pages. 3 50
    Cet ouvrage a été couronné par la Société impériale et centrale d'agriculture de France.

BORIE (Victor).

Agriculture au coin du feu, par Victor Borie. 1 vol in-12 de 290 pages.. . . . . 3 »

Agriculture et liberté, par V. Borie, membre de la Société impériale et centrale d'agriculture de France. 1 vol. in-8 de 189 pages. . 4 »

Animaux de la ferme, par V. Borie (voir p. 17). L'Espèce bovine forme 20 livraisons renfermant chacune 2 ou 3 aquarelles et 16 pages de texte. gr. in-4°, édition de luxe. Prix du volume cartonné. 85 »
    Le même ouvrage richement relié. . . . . 100 »

Calendrier agricole (LES DOUZE MOIS), par V. Borie. 1 vol. in-8 à
2 colonnes de 380 pages et 95 gravures. 3 50

Gazette du village, fondée par V. Borie, voir page 30.

Question du Pot-au-feu. par Victor Borie. Organisation du commerce des viandes. In-8 de 47 pages . . . .   1 »

Travaux des champs, par V. Borie (Bibl. du Cultiv.). 188 pages et
121 grav. 1 25

BORTIER.

Desséchement des Moëres, par Cobergher, en 1622. Notice
par Bortier. 8 p. in-8, portrait de Cobergher et carte des Moëres.   1 »

BOST.

**Table décennale du Correspondant des justices de paix
et des tribunaux de simple police,** par Bost. 1 vol. in-8 de
184 pages. . . . .   4 »

BRAY (DE).

Question des sucres Résumé des opinions. In-8 25 pages .   » 50

BRETON.

Assistance publique (L') et la bienfaisance au dix-neuvième siècle,
par F. Breton. 1 vol. in-8 de 160 pages. 2 50

Crédit agricole en France, par Breton. 100 pages in-8. .   1 »

Défrichement (Manuel théorique et pratique du), par Breton. 1 vol. in-8 de 400 pages. . . . .   4 »

Grains (Moyens infaillibles de prévenir la pénurie des) et
leur cherté excessive en France, par Breton. In-8 de 32 pages.   » 50

BUJAULT (Jacques).

OEuvres de Jacques Bujault. 3e édition. 1 vol. in-8 de 540 pages
et 33 gravures. . . . .   6 »

CANCALON.

Histoire de l'agriculture, par Cancalon. 1 volume in-8 de
474 pages. . . . .   6 »

CARPENTIER.

Enseignement agricole (Entretien sur l') en France, par
Carpentier. 1 brochure. . . . .   » 40

CRISES, etc.

Crises agricoles (Les) dans l'abondance et la pénurie des grains;
moyens infaillibles de les prévenir, par l'ancien rapporteur de la Commission du Crédit agricole au Congrès central d'agriculture dans la ses-
sion de 1847. 1 brochure in-18 de 40 p. 3e édit. . . . .   » 50

DESTREMX DE SAINT-CRISTOL.

Agriculture méridionale. Le Gard et l'Ardèche. 1 vol. in-8 de
407 pages. 3 50

DEZEIMERIS.

Conseils aux agriculteurs sur l'art d'exploiter le sol avec profit,
par Dezeimeris, ancien député. 3e édit. 1 vol. in-12 de 654 pag.   3 50

DOMBASLE (DE).

Agriculture (Traité d'), par Mathieu de Dombasle. 5 vol. .   30 »

Annales de Roville, par Mathieu de Dombasle. 9 vol. in-8.   64 50

Calendrier du Bon Cultivateur, par Mathieu de Dombasle. 10ᵉ édition. 1 vol. in-12 de 872 pages et 5 planches **4 75**

Écoles d'arts et métiers, par Mathieu de Dombasle. 1 brochure in-18 de 106 pages . . . . **1 »**

Économie politique et agricole, par Math. de Dombasle. 1 vol. in-18 de 194 pages **1 50**

DOYÈRE.

Alucite des céréales, ses ravages et moyens de les faire cesser, par Doyère. 110 pages in-4, gravures et 3 planches **3 50**

Ensillage, par Doyère, professeur d'histoire naturelle à l'École centrale des arts et manufactures. In-8 de 48 pages . . . . **» 75**

DRALET.

Taupier (Art du), par Dralet. 16ᵉ édition. In-12 de 66 pag. . . **1 »**

DREUILLE (DE).

Métayage (Du) et des moyens de le remplacer, par le vicomte de Dreuille. 1 vol. in-18 de 104 pages . . . . **1 »**

DUGUÉ.

Comptabilité agricole (Notions pratiques de), par Dugué. 1 brochure in-8 de 32 pages **1 25**

DURRIEUX.

Monographie du paysan du département du Gers, par Alcée Durrieux. 1 vol. in-18 de 260 pages **3 50**

EMION (V.).

Taxe (La) du pain, par Victor Emion, avec préface par Victor Borie. 1 vol. in-8 de 108 pages . . . . **4 fr.**

ENQUÊTE.

Agriculture française (Enquête sur l'), par une Réunion de députés. 1 vol. in-8 de 244 pages **2 50**

ERATH.

Houblon, par Erath, traduit par Nicklès. (Bibl. du Cultiv.). 136 pages et 22 gravures **1 25**

ESTANCELIN.

Enquête (L') et la crise agricole, lettre à M. le ministre de l'agriculture ; par Estancelin. 1 brochure in-8 de 32 pages . . . . . **1 »**

FALLOUX (Comte DE).

Dix ans d'agriculture. Br. in-8, 47 pages . . . . **1 »**

FLAXLAND.

Enquête agricole (Quelques considérations relatives à l'), dans les départements frontières du Nord-Est, par Flaxland . . . **1 »**

FRILET.

Igname de la Chine (Notice sur la pomme de terre et l'), par Frilet. In-8 de 24 pages . . . . **» 50**

GASPARIN (DE).

Agriculture (Cours d'), par de Gasparin, membre de l'Académie des sciences, ancien ministre de l'agriculture. 6 vol. in-8 et 233 gr. . . **39 50**

Fermage (estimation, plan d'amélioration, baux), par de Gasparin, membre de l'Institut, ancien ministre de l'agriculture (Bibl. du Cultiv.). 3ᵉ édit. 216 pages. 1 25

Métayage (contrat, effets, améliorations), par de Gasparin (Bibl. du Cult.). 2ᵉ édit. 166 pages. 1 25

Safran (Culture du), par de Gasparin. . . . . » 75

GAUCHERON.

Économie agricole (Cours d') et de culture usuelle, par Gaucheron. 2 vol. in-18. . . . . 2 50

GAULTIER.

Trente années d'agriculture pratique, par P. Gaultier. 1 vol. in-12 de 275 pages. 1 25

GIRARDIN (J.).

Agriculture (Mélanges d'), par Girardin. 2 vol. in-12. . . . 10

GOURCY (DE).

Voyage agricole en France, Allemagne, Hongrie, Bohême et Belgique, par le comte de Gourcy. 1 vol. in-12 de 452 pages. . . . 3 50

GOUX (J.-B.).

Le sorcier, légende du chantier rural. In-18, 70 pages. . . . 1 »

GRANDEAU (L.) ET SCHLŒSING.

Le tabac, moyens d'améliorer sa culture. 1 vol. in-18. (Bibl. du cultivateur). 1 25

GROUSSEAU (DE).

Comices (Manuel des), par de Grousseau. 1 brochure in-32 de 50 pages. . . . . » 15

GUILLON.

Agriculture provençale (Essai d'un traité d'), par Guillon 2 vol. in-18, ensemble de 500 pages. . . . . 5 »

Agriculture provençale (Vade mecum de l'), par Guillon. 1 vol. in-18, de 156 pages. . . . . 2 »

Catéchisme de l'agriculteur provençal, par Guillon. 1 vol. in-18 de 52 pages. . . . . 1 »

GUSTAVE D.

Hanneton. Ses ravages, moyen de le détruire, par Gustave D. 1 brochure in-8 de 16 pages. . . . . » 75

HEUZÉ.

Agriculture au moyen âge (De l'influence exercée par les croisades sur l'), par Gustave Heuzé, br. in-8 de 23 p. . . » 50

Assolements et systèmes de culture, par Heuzé. 1 vol. in-8 de 556 pages avec nombreuses gravures sur bois. . . . . . . 9 »

Fumures et des étendues de fourrages (Formules des), par G. Heuzé, 72 pages. (Bibl. du Cult.). 1 25

Pavot (Culture du), par Heuzé. 1 vol. in-18 de 44 pages. . » 75

Plantes fourragères, par Heuzé. 3ᵉ édition. 1 vol. in-8 de 582 p. avec 42 vignettes sur bois et 20 gravures coloriées. . . . . . 10 »

Plantes industrielles, par Heuzé. 2 vol. in-8 de 896 pages, avec des vignettes sur bois et 20 gravures coloriées. . . . . 18 »

JAMET.

Agriculture (Cours d') et chaulages de la Mayenne. 2ᵉ édition, par Jamet, président du comice de Craon, ancien représentant. 400 pages in-12 . . . . 3 50

JOIGNEAUX.

Causeries sur l'agriculture et l'horticulture, par P. Joigneaux. 1 vol. in-18 de 403 pages. 3 50
Champs et prés (Les), par Joigneaux (Bibl. du Cultiv.). 140
pages. 1 25
Choux. Culture et emploi, par Joigneaux (Bibl. du Cultiv.). 1 vol. in-18
de 180 pages et 14 gravures. 1 25

JOUBERT.

Comptabilité agricole (Agenda de), par Joubert. In-4. 5 »
Sologne (Agriculture de la), par Ch. Joubert et Isaac Chevalier,
cultivateurs. 1 vol. in-8 de 300 pages. . . . . 4 »

KAINDLER.

Coton en Algérie (Culture du), par Adolphe Kaindler. Une brochure in-18. . . . . 1 »

LABOURAGE (à vapeur, etc.).

**Labourage (Du) à vapeur et des labours profonds en
1867.** Résultats du concours international de Petit-Bourg. 1 vol. de
96 pages in-8 avec 14 gravures. . . . . 3 fr.

LARTET.

Colline de Sansan. Récapitulation des espèces d'animaux vertébrés
fossiles trouvés à Sansan, par Lartet. 48 p. in-8 et 1 planche. 1 25

LATERRADE.

Grêle (moyens d'en combattre les effets), par Laterrade.
1 brochure in-8 de 64 pages. 1 25

LAURENÇON.

Traité d'agriculture élémentaire et pratique à l'usage des
écoles primaires, par C. Laurençon. 2 vol. in-18 avec nombreuses gravures. 1 50
Chaque volume séparé. 75

LAVELEYE.

Économie rurale (Essai sur l') de la Belgique, par Émile de
Laveleye. 1 vol. in-18 de 304 pages. 3 50

LAVERGNE.

Agriculture des terrains pauvres, par Lavergne, ancien représentant du peuple. 1 vol. in-18 de 200 pages. . . . . 3 »

LAVERGNE (DE).

Agriculture (L') et l'enquête, par L. de Lavergne, brochure
de 48 pages. . . . . 1 »
Agriculture et population, par L. de Lavergne, membre de l'Institut. 1 vol. in-8 de 412 pages. 3 50
Économie rurale de la France depuis 1789, par L. de Lavergne, membre de l'Institut. 1 vol. in-12 de 490 pages. . . 3 50
Économie rurale (Essai sur l') de l'Angleterre, de l'Écosse et de
l'Irlande, par L. de Lavergne. 3e édit. 1 vol. in-12. . . . . . . 3 50

LECOQ.

Plantes fourragères (Traité des), par Henri Lecoq. 2e édition.
1 vol. in-8 de 518 pages et 40 gravures. 7 50

LECOUTEUX (E.).

Agriculture (L') et les élections de 1863. 64 p. in-8. 2 »

Blé (La Question du), par Ed. Lecouteux. Br. de 32 pages.   1 »

Culture améliorante (Principes de la), par E. Lecouteux, ancien directeur des cultures à l'Institut agronomique de Versailles. 3e édition. 1 vol. in-12 de 400 pages. 3 50

Culture (Traité des entreprises de grande), ou principes d'économie rurale ; par E. Lecouteux. 2 vol. in-8, formant ensemble 1,136 pages. . . . . 15 »

LEFEBVRE.

Maladie des pommes de terre. In-8 de 112 pages. 1 50

LEFOUR.

Arithmétique agricole, par Lefour. 1 vol. in-16 de 128 pages ornées de vignettes. (Bibl. des écoles primaires.). . . . . » 75

Comptabilité et géométrie agricoles, par Lefour (Bibl. du Cultiv.). 214 p. et 104 grav. 1 25

Culture générale et instruments aratoires, par Lefour (Bibl. du Cúltiv.). 1 vol. in-18 de 160 pages et 132 gravures. 1 25

Problèmes agricoles (300), par Lefour. 1 brochure in-18 de 36 pages. . . . . » 50

LE MAOUT.

Le trésor des laboureurs. Adages, maximes et proverbes agricoles. In-18 de 176 pages.. . . . .   1 50

LÉOUZON.

Enseignement agricole (Réforme de l'), par Louis Léouzon, 1 brochure in-8 de 28 pages. . . . .   1 »

LEPLAY.

Sorgho sucré (Culture du) comme plante industrielle et comme plante fourragère ; par H. Leplay. 36 pages in-8. . . . . . .   1 »

LEROY (A.).

Revue agricole illustrée. Guide du châtelain. In-4 de 148 pages, orné de nombreuses gravures. . . . .   5 »

LIEBIG (DE).

Lettres sur l'agriculture moderne, par le baron Justus de Liebig, traduites par le docteur Théodore Swarts. 1 volume in-18 de 244 pages. 3 50

LOUVEL.

Grains (Conservation des) au moyen du vide, par le docteur Louvel. . . . . » 75

LULLIN DE CHATEAUVIEUX.

Voyages agronomiques en France, par Lullin de Chateauvieux. 2 vol. in-8, formant ensemble 1031 pages. . . . . 10 »

LURIEU (DE).

Colonies agricoles (Études sur les) de mendiants, jeunes détenus, orphelins et enfants trouvés de Hollande, Suisse, Belgique, France ; par de Lurieu et Romand, inspecteurs généraux des établissements de bienfaisance. 1 vol. in-8 de 462 pages. 7 50

MACHARD.

Prairies artificielles (Essai sur les), Luzerne, Trèfle ordinaire, Trèfle printanier, et Sainfoin ou Esparcette, par Machard. In-18.   1 »

MAGNIER.

Avenir de l'agriculture par l'enseignement agricole, par Magnier. 1 brochure. . . . . » 40

MARTINELLI.

Comices (Appel aux), par J. Martinelli. 32 pages in-8. . . . » 50

MARTRES.

Agriculture (L') du département des Landes devant l'enquête, et son amélioration par la culture de la vigne et du pin, par Léon Martres. In-12 de 100 pages et table. . . . . » 75

MASURE.

Leçons élémentaires d'agriculture à l'usage des agriculteurs praticiens et destinées à l'enseignement agricole dans les écoles spéciales d'agriculture, dans les écoles normales primaires et dans les écoles communales.
Première partie : Les plantes de grande culture, leur organisation et leur alimentation. 1 vol. in-18 de 330 p. et 32 grav. 3 50
Deuxième partie : Vie aérienne et vie souterraine des plantes agricoles. 1 vol. de 477 pages et 20 figures. 3 50
L'ouvrage complet, ... 7 »

MÉHEUST (P.).

Économie rurale de la Bretagne, par P. Méheust. 1 vol. in-18 de 220 pages. 2 50

Économie rurale (Leçons publiques d'), par Méheust. 1 vol. in-18 de 68 pages. . . . . 1 »

MESNIL-MARIGNY (DU).

Céréales et la douane (Les), par du Mesnil-Marigny. 1 vol. in-18 de 260 pages. . . . . 3 »

MIDY.

Nouvelle manière de cultiver et de récolter les betteraves, par F. Midy. 2ᵉ édition. In-8 de 48 pages. . . . . . . 1 »

MOLL.

Inondations (Moyens de réparer les ravages des), par Moll, professeur d'agriculture au Conservatoire. 10 pages in-4. » 50

NIVIÈRE.

Dombes (La) ou l'Eau et l'Herbe. Conseils aux propriétaires de grandes terres. 1 vol. in-8 de 128 pages et tableaux . . . . 2 »

PAPIER.

Tabacs en Algérie (Question des), par Papier. In-8 de 88 pages. . . . . 2 »

PATÉ (J.-B.).

Mes revers et mes succès en agriculture. 1 volume in-8 de 126 pages. . . . . 2 »

PÉPIN-LEHALLEUR.

Labourage à vapeur. Concours international de Roanne, rapport du jury. In-8 de 49 pages. . . . . » 50

PERRET.

Agriculture (L') et l'Enseignement primaire. In-8 de 23 pages . . . . » 60

PERRIN DE GRANDPRÉ.

Crédit agricole et caisse d'épargne, par Perrin de Grandpré. In-8 de 48 pages. 1 »

PETIT-LAFFITTE.

Tabac (Culture du), par Petit-Laffitte. 104 pages in-12. . . . 2 »

PICHAT ET CASANOVA.

Question agricole en Dombes (Examen de la), par Ch. Pichat et A. M. Casanova. In-8 de 72 pages et tableaux. 1 50

RANCY (EDMOND DE GRANGES DE).

Comptabilité agricole (Traité de), par Ed. de Rancy, 2e édition. 1 vol. in-8 de 296 pages. . . . . 5 «

REGISTRES.

Registres de comptabilité.

La main de 24 feuilles in-folio avec couverture. . . . . 2 »
— in-quarto — 1 25

RÉUNIONS, etc.

Réunions territoriales. création de chemins d'exploitation. Étude sur le morcellement en Lorraine, par F. P. 48 pages in-8. . » 75

RICHARD.

Conservation des céréales. Détails explicatifs de deux procédés pour la destruction des charançons. In-32 de 36 pages . . . . . » 25

RIGAUT.

Statistique agricole du canton de Wissembourg. par Rigaut, juge au tribunal de Wissembourg. 392 pages gr. in-4. . 15 »
Cet ouvrage a été couronné par la Société impériale et centrale d'agriculture et par l'Académie nationale agricole de Paris.

RIONDET.

Agriculture (L') de la France méridionale, ce qu'elle a été, ce qu'elle est, ce qu'elle pourrait être, par A. Riondet, agriculteur à Hyères. 1 vol. in-18 jésus de 360 pages. 3 50
Olivier (L'), par A. Riondet. In-18 jésus de 159 pages. (Bibliothèque du Cultivateur.). 1 25

ROCHUSSEN.

Culture et fécondation artificielles des céréales. système Hooïbrenk, par Rochussen. 1 v. in-8 de 54 pages, avec 3 pl. 1 50

RONDEAU.

Crédit agricole (Projet de). par Rondeau, ancien représentant du peuple. 1 vol. in-18 de 256 pages . . . . 2 »

ROYER.

Allemande (L'Agriculture). ses écoles, son organisation, ses mœurs et ses pratiques ; par Royer. inspecteur général de l'agriculture. 1 vol. grand in-8 de 542 pages. 7 50
Statistique agricole de la France en 1843, par Royer. 1 vol. in-8 de 304 pages. . . . . 5 »

SAINT-AIGNAN.

Crise agricole (La). prise de loin et vue de haut, par le comte de Saint-Aignan, membre de la Société impériale d'acclimatation. . . . . 1 »

SAINTOIN-LEROY.

Comptabilité agricole (Cours complet), par Saintoin-Leroy.
1° *Manuel de comptabilité agricole pratique,* en partie simple et en partie double, seconde édition, avec modèle des écritures d'une exploitation rurale pour une année entière. 1 vol. gr. in-8 et tableaux, de 176 p. . . . . 3 »
2° *Comptabilité-matières de l'agriculteur,* Complément du *Manuel de comptabilité agricole pratique,* suivie du *Livre du travail,* et d'une *Méthode abrégée de tenue des livres agricoles en partie simple.* 1 vol. gr. in-8 de 144 pages, avec nombreux tableaux. 4 »
3° *Comptabilité simplifiée, agricole et commerciale,* mise à la portée de la moyenne et de la petite culture, suivie de la *Comptabilité spéciale des marchands et des artisans,* à l'usage des écoles primaires de garçons et de filles. 1 vol. gr. in-8 et tableaux, de 96 pages. . . . . 2 »

Registres pour la grande et la moyenne culture.

Registre-Mémorial de l'Agriculteur (comptabilité-matières), réunion de tous les tableaux nécessaires à la constatation de tous les faits d'une exploitation rurale. 1 vol. gr. in-4 oblong. . . . . 5 »

Livre de caisse (comptabilité-espèces), registre en tableaux. 1 vol. grand in-4 oblong. 2 50

Journal, registre en blanc réglé et folioté. 1 vol. gr. in-4 oblong. 2 50

Grand-Livre, registre en blanc réglé et folioté. 1 vol. gr. in-4 oblong. . . 3 »

On peut joindre à ces registres des cahiers quadrillés pour la constatation journalière des travaux de main-d'œuvre, des attelages et de la nourriture du personnel.

1° Cahier quadrillé avec instruction et modèles de tableaux. 1 vol. petit in-4 oblong. . . . . 2 »

2° Cahier simplement quadrillé. 1 vol. petit in-4 oblong. 1 25

Agenda de poche du Cultivateur, petit cahier à joindre à tous les Agendas usuels, de 36 pages, format in-18 ; prix des dix exemplaires. 1 50

Comptabilité de la petite culture à l'aide d'un seul livre dit Mémorial-caisse, à l'usage de l'enseignement élémentaire de la comptabilité agricole dans les écoles primaires. in-4 oblong. 1 25

Registres pour la comptabilité simplifiée.

Registre unique du Cultivateur pour l'application de la Comptabilité simplifiée. 1 vol. petit in-4 oblong, de 100 pages. . . . . 2 »

Le même, moins fort, pour les écoles. . . . . » 60

Livre de caisse des Marchands. 1 vol. petit in-4 oblong. . . . . 2 »

Livre de caisse des Artisans. 1 vol. petit in-4 oblong. . . . . 2 »

Chaque volume ou registre se vend séparément.

SCHLŒSING ET GRANDEAU (L.) Voir Grandeau et Schlœsing.

SCHWERZ.

Agriculteur commençant (Manuel de l'), par Schwerz, traduit par Villeroy (Bibl. du Cultiv.). 5ᵉ édit. 332 pages. 1 25

SERS (Louis).

Enquête agricole (L') dans le département des Basses-Pyrénées, en 1866, par Louis Sers. 1 vol. in-8 de 95 pages. 2 50

STOCKHARDT.

Ferme (La), Guide du jeune Fermier, par Stockhardt. 2 vol. in-18 formant ensemble 616 pages. 7

THOMAS (Ernest).

Halles et marchés en gros (Manuel des), guide de l'approvisionneur, de l'acheteur et des employés aux divers services de l'alimentation de Paris. 1 vol. in-18 de 316 pages. 3

TRAVANET (Marquis DE).

Mémoires de Cincinnatus Fenouillet, à la poursuite du progrès agricole, ou l'agriculture en roman. 1 vol. in-12 de 345 pages. . . . . 3 »

VIGNERAL (DE).

Agriculture (Manuel populaire d') à l'usage des cultivateurs d'Argentan, par de Vigneral. 92 pages in-8. . . . . 1 25

VILLE.

Maladie des pommes de terre. In-8 de 32 pages. . . . . 1 »

VILMORIN.

Sorgho sucré et igname de Chine, par Vilmorin. 8 pag. » 25

YOUNG (Arthur).

Voyages en France pendant les années 1787, 1788, 1789, par Arthur Young, traduit par Lesage. 2 vol. in-18. . . . 7 »

AMENDEMENTS, ENGRAIS, CHIMIE, PHYSIQUE, MÉTÉOROLOGIE

Annuaire de la Société météorologique de France. Recueil de 400 à 600 pages in-8 ; l'année . . . . 30 »
En vente les années 1852 à 1866.

BOBIERRE.

Atmosphère (L'), le sol, les engrais, par Bobierre. 1 vol. in-12 de 632 pages . . . . 5 »
Noir animal (Le). Analyse, emploi, vente, par Bobierre (Bibl. du Cultiv.). 156 p. et 7 grav. 1 25
Voir MORIDE et BOBIERRE.

BORTIER.

Coquilles animalisées, leur emploi en agriculture, par Bortier. . . . . 1 »

CARTIER (J.).

Sels alcalins (De l'emploi des) en agriculture, par J. Cartier, ingénieur civil. 1 vol. in-8 de 133 pages . . . . 2 »

FOUQUET.

Fumiers de ferme et composts, par Fouquet (Bibl. du Cult.). 2ᵉ édit., 176 p. et 19 grav. 1 25

JAUFFRET.

Nouvelle méthode pour la fabrication économique des engrais, par Pierre-J. Jauffret. 1 br. in-8 de 56 p. et 1 pl. 3 »

HEUZÉ.

Fumures et des étendues en fourrages (Formules des), par G. Heuzé. 2ᵉ édition. 1 brochure in-18 de 60 pages . . . 1 25
Matières fertilisantes, par Heuzé. 4ᵉ édition. 1 vol. in-8 de 708 pages . . . . 9 »

LEFOUR.

Sol et engrais, par Lefour (Bibl. du Cultiv.). 180 p. et 50 gr. 1 25

MARIÉ-DAVY.

Météorologie. Les mouvements de l'atmosphère et des mers, considérés au point de vue de la prévision du temps, par le Dʳ Marié-Davy. 1 vol. grand in-8 avec 24 cartes coloriées et fig. dans le texte. . 10 »

MARTIN (DE).

Engrais alcalins (Des) extraits des eaux de mer. In-8 de 15 pag. » 50

MÉMORIAL.

Mémorial du propriétaire améliorateur. Excellence, emploi et dosage des amendements calcaires. 1 vol. in-12 de 296 pages. 2 50

MASURE.

Marne et chaux employées en agriculture (mémoire sur les avantages comparés), par Masure. 1 brochure in-8 de 108 pages. 1 50

MÉGE-MOURIÈS.

Fabrication des acides gras propres à la fabrication des bougies et des savons. In-4 de 22 pages . . . . 1 »

MORIDE ET BOBIERRE.

Technologie des engrais de l'ouest de la France, par Ed. Moride et Adolphe Bobierre. 1 vol. in-8 de 344 pages . . . . . 5 »

Okorski.

Désinfection des villes. Engrais complet dit engrais atmosphérique ;
par Okorski. 1 brochure in-8, de 24 pages et 3 tableaux........ 1 »

Petit-Laffitte.

Études de terres arables, par Petit-Laffitte. 1 vol. in-18 de 160
pages... 1 50

Piérard.

Chaux (La), son emploi en agriculture, par Piérard, ingénieur en chef
des mines. 36 pages in-12........................... » 75

Pierre.

Chimie agricole, par Isidore Pierre, professeur de chimie à la Faculté de Caen. 4e édition. 1 vol. in-12 de 560 pages et 23 grav. 4 »

**Recherches analytiques sur la valeur comparée de plu-
sieurs des principales variétés de betteraves.** In-8 de
46 pages... 1 »

Puvis.

Amendements (Traité des), par Puvis. 1 volume in-18 de
440 pages.. 3 50

Renou.

Instructions météorologiques et Tables usuelles, par
Renou, 188 pages de texte, 112 de tables............. 3 »

Ronna (A.).

Phosphates de chaux (Fabrication et emploi des) en Angleterre, par A. Ronna, ingénieur. 1 vol. in-18 de 162 pages... 1 »

Utilisation des eaux d'égout en Angleterre, Londres et Paris,
par A. Ronna, ingénieur. 1 vol. in-8 de 132 pages et 5 grandes
planches.. 6 »

Sacc.

Chimie agricole (Précis élémentaire de), par le docteur Sacc.
2e édition. 1 vol. in-12 de 454 pages et 5 gravures.......... 3 50

Stockhardt.

**Chimie usuelle appliquée à l'agriculture et à l'indus-
trie,** par Stockhardt, traduite par Brustlein. 1 volume in-18 de 524
pages et 225 gravures................................. 4 50

Ville.

Engrais chimiques (Les). Entretiens agricoles donnés au champ
d'expériences de Vincennes dans la saison de 1867, par Georges Ville.
1 vol. in-18 jésus de 300 pages. Gravures et planches....... 3 50

Recherches expérimentales sur la végétation, par Georges
Ville. Mémoires et mélanges, tome Ier. 1 vol. gr. in-8 de 400 pages
avec 5 planches et gravures........................... 15 »

DRAINAGE—IRRIGATION—ÉTANGS—PISCICULTURE

Barral.

Drainage des terres arables, par Barral. 2e édition. 2 vol in-12
formant ensemble 960 pages et contenant 443 grav. et 9 pl.... 7 »

**Irrigations, engrais liquides et améliorations foncières
permanentes,** par Barral. 1 v. in-12 de 790 p. et 120 grav.... 7 50

Législation du drainage, des irrigations et autres améliorations foncières permanentes, par Barral. 1 vol. in-12 de 664 pages..   7 50

BENOIT.

Drainage (Système de), par Benoit. In-8, 24 pages et 1 pl.   1 »

DELACROIX.

Drainage (Faits de), débit des terres drainées, position des plans d'eau souterrains, par Delacroix. 84 pages in-18 et 4 gravures.   1 25

DALLOZ.

Irrigations (Code des), suivi des rapports de MM. Dalloz et Passy, et de la législation étrangère, par Bertin, avocat, rédacteur en chef du journal *le Droit.* 1 vol. in-8 de 182 pages. . . . .   3 »

DANILEWSKI.

Coup d'œil sur les pêcheries en Russie, par C. Danilewski. Grand in-8 de 75 pages. 1 50

JEANDEL.

Inondations (Études expérimentales sur les), par Jeandel, ancien élève de l'École forestière. 1 vol. in-8 de 146 pages. . .   2 50

JOIGNEAUX.

Pisciculture et culture des eaux, par Joigneaux. 1 vol. in-18 de 360 pages et 61 gravures. Prix.. . . . .   3 50

LAMBOT-MIRAVAL.

Montagnes (moyens de les reverdir par l'irrigation et de prévenir les inondations), par Lambot-Miraval. 66 pag.   2 »

LECLERC.

Drainage (Traité pratique de), par Leclerc, ingénieur, chef du service du drainage en Belgique. 1 vol. in-12 de 424 p. 130 gr.   3 50

MARTRES.

Drainage appliqué à l'agriculture des landes, par Martres. 70 p.   1 »

MIDY.

Drainage (Le) et l'irrigation, par Midy. 27 pages in-8. . .   » 50

MONNY DE MORNAY.

Irrigations en Italie et en Allemagne (Législation des), par Monny de Mornay, chef de la division de l'agriculture au ministère de l'agriculture. 1 vol. in-8 de 166 pages. 3 50

MOULS.

Huîtres (Les), par l'abbé L. Mouls, curé d'Arcachon. 1 v. in-18.   1 25

MULLER (A.) ET VILLEROY (F.)

Manuel des irrigations. 2ᵉ édition revue et corrigée par les auteurs. 1 vol. in-12 de 263 pages et 123 gravures.. . . . .   3 50

NIVIÈRE.

Drainage (Moyen d'obtenir du) tout son effet utile, par Nivière, ancien directeur de l'école de la Saulsaie. In-12 de 36 pages.. .   » 75

PELLAULT.

Irrigations. Commentaire de la loi du 29 avril 1843, par Henri Pellault, docteur en droit. In-12 de 374 pages. 3 50

SERS.

Irrigation dans les contrées montagneuses, par Sers. Une brochure in-8 de 24 pages.. . . . .   » 75

Thackeray.

Drainage (Philosophie et art du), par Thackeray. 96 p.   2 50

Vignotti.

Irrigations du Piémont et de la Lombardie, par Vignotti. 1 vol. in-18 de 94 pages. . . . . » 75

Villeroy (F.)

Voir Muller (A.) et Villeroy (F.)

Virebent.

Drainage rendu facile, par Virebent. 40 p. in-8 et 3 pl. .   1 25

Vitard.

Manuel populaire de drainage, par A. Vitard, 2ᵉ édition. 1 vol. in-12 de 164 pages avec figures et planches 2 50

CONSTRUCTIONS, INSTRUMENTS, ARTS AGRICOLES

Casanova.

Charrue (Manuel de la), par Casanova. 1 vol. in-18 de 176 pages et 83 gravures. 1 75

Damey.

Machines à battre (Le conducteur de), par Damey. 1 vol. in-18 de 108 pages. 1 50

Kergorlay (De).

Ferme de Canisy, par de Kergorlay. 24 p. in-4 et 52 grav.   1 »

Labourage (à vapeur, etc.).

Labourage (Du) à vapeur et des labours profonds en 1867. Résultats du concours international de Petit-Bourg. 1 vol. de 96 pages in-8 avec 14 gravures. . . . . 5 fr.

Lefour.

Constructions et mécaniques agricoles, par Lefour (Bibl. du Cultiv.). 216 p. et 151 gr. 1 25

Machines, etc.

Machines à moissonner. Rapport du jury sur le concours de 1859. 64 pages grand in-8, 34 gravures. . . . . 1 »

Pepin-Lehalleur.

Labourage à vapeur. Concours international de Roanne, rapport du Jury, in-8 de 49 pages. . . . . » 50

Piot.

Meunerie et meunerie, par Piot. 1 vol. in-8 de 370 pages et 24 gravures. . . . . 12 »

Planet.

Machines à battre (La vérité sur les), par de Planet. 1 vol. in-18 de 256 pages. . . . . 2 »

Saint-Martin.

Chemins ruraux (Des), par Saint-Martin. 1 brochure in-8 de 60 pages. . . . . 2 »

Touaillon.

Meunerie (La), la boulangerie, la biscuiterie, la vermicellerie, l'amidonnerie, la féculerie et la décortication des légumineuses, par Charles Touaillon fils, ingénieur, constructeur spécial de moulins, meules, etc. 1 vol. in-18 de 452 pages. . . . . 5 »

ANIMAUX DOMESTIQUES — MÉDECINE VÉTÉRINAIRE

Ayrault.

Industrie (De l') mulassière en Poitou, ou étude de la race chevaline mulassière, de l'âne, du baudet et du mulet, par Eugène Ayrault, vétérinaire. 1 vol. in-12 de 200 pages et 5 planches. . . . . 5 »
Cet ouvrage a obtenu une grande médaille d'or à la Société impériale et centrale d'agriculture de France.

Benion.

Races canines (Les). Origine, transformations, élevage, amélioration, croisement, éducation, utilisation au travail, rage, maladies, taxes, etc., par A. Benion, médecin vétérinaire. 1 vol. in-12 de 260 pages, orné de 12 belles gravures. 3 50

Borie (Victor).

Animaux de la ferme, par Victor Borie. — ESPÈCE BOVINE.
Ce volume, qui est terminé, contient 46 aquarelles dessinées d'après nature, 65 gravures noires intercalées dans le texte et 332 pages de grand in-4 imprimées avec luxe, cartonné. . . . . 85 »
Richement relié. . . . . 100 »

Daignaud.

Race bovine du Limousin (Amélioration de la), par Daignaud. 1 vol. in-18 de 106 pages. 1 50

Dampierre (De).

Races bovines, par de Dampierre (Bibl. du Cult.). 2e édit. 196 pages et 28 gravures. 1 25

Delafond.

Typhus de l'espèce bovine, par Delafond, professeur à l'École vétérinaire d'Alfort. 20 pages in-8 et 5 gravures. . . . . » 75

Flaxland (J.-F.).

Études sur l'élevage, l'entretien et l'amélioration de la race bovine en Alsace. 124 p. in-8. . . . . 2 »

Gayot.

Attelage du bœuf et de la vache (Théorie et pratique du meilleur mode d'), par Eug. Gayot. in-8 de 65 pages. . . 1 »

Bétail gras (Le) et les concours d'animaux de boucherie, par Eugène Gayot. 1 vol. in-8 de 204 pages. 3 50

Cheval (Achat du), par Gayot (Bibl. du Cultiv.). 1 vol. de 216 pages et 25 grav. 1 25

Chevaline (La France), par Eug. Gayot, ancien directeur des haras. 1re partie : *Institutions hippiques*, contenant l'histoire de l'administration des haras, étalons approuvés et autorisés, étalons départementaux, primes à la production et à l'élève ; courses au trot, au galop ; steeple-chases. 4 vol. in-8. . . . . 26 »

2ᵉ partie : *Etudes hippologiques* traitant de toutes les questions de science qui aboutissent à la production et à l'élève des chevaux. Étude physiologique de toutes les races du pays et de leurs transformations. 4 v. 26 »

Lièvres, lapins et léporides, par Eug. Gayot (Bibl. du Cultiv.), 216 p. et 16 grav. 1 25

Mouches et vers, par Eug. Gayot, 1 vol. in-12 de 218 pages, orné de 33 vignettes. 3 50

Poules et œufs, par E. Gayot (Bibl. du Cultiv.). 1 v. de 216 pag. 1 25

Sportsman (Guide du), ou traité de l'entraînement. 1 vol. in-18 de 376 pages avec 12 gravures, par E. Gayot. 4ᵉ édition. 3 50

GEOFFROY SAINT-HILAIRE.

Animaux utiles (Acclimatation et domestication des), par I. Geoffroy Saint-Hilaire, président de la Société d'acclimatation. 4ᵉ édition. 1 beau vol. in-8 de 534 pages et 47 gravures. . . . . 9 »

GOUX.

Race bovine garonnaise, par Goux. 1 vol. in-8 de 80 pages. 1 50

GUYTON.

Ferrure de Miles (Exposé analytique de la), par le Dʳ Guyton. In-8 de 16 pages et 1 pl. . . . . 1 »

HAYS (DU).

Cheval percheron, par du Hays (Bibl. du Cultiv.). 1 vol. de 176 pages. 1 25

Merlerault (Le), ses herbages, ses éleveurs, ses chevaux, par Charles du Hays. 1 vol. in-18 de 182 pages. . . . . 3 »

HEUZÉ (G.).

Porc (Le), par Gustave Heuzé, membre de la Société impériale et centrale d'agriculture de France. 1 volume in-12 de 534 pages avec 56 gravures. 3 50

JACQUE (Ch.).

Poulailler (Le), par Ch. Jacque. 2ᵉ édit. 1 vol. in-12 et 120 g. 3 50

JUILLET.

Chevaline (Emancipation de l'industrie), par Juillet. 1 brochure in-8 de 48 pages. 1 50

LAMORICIÈRE (Général DE).

Chevaline (De l'espèce) en France, par le général de Lamoricière. 1 vol. in-4 de 312 pages et 3 cartes coloriées. 3 50

LEFOUR.

Animaux domestiques, par Lefour (Bibl. du Cultiv.). 1 vol. in-18 de 162 pages et 57 grav. 1 25

Cheval, âne et mulet, par Lefour (Bibl. du Cult.). 1 vol. de 180 p. et 141 gravures. 1 25

Mouton (Le), par Lefour, ancien inspecteur général de l'agriculture. 1 vol. in-18 de 390 p. et 76 grav. 3 50

Race flamande, par Lefour. 1 volume in-4 de 216 pages, avec 114 gravures noires et 4 planches coloriées. (Édition de l'Imprimerie impériale.) . . . . 20 »

Magne.

Vaches laitières (Choix des), par Magne (Bibl. du Cultiv.). 144 pag. et 39 gravures.. 1 25

Millet-Robinet (Mme).

Basse-cour, pigeons et lapins, par Mme Millet (Bibl. du Cultiv.). 4e édit. 180 pages et 31 gravures. . . . . 1·25

Peillard.

Fer élastique (Le). Ferrure physiologique, par C. Peillard. 1 vol. in-12 de 130 p. et 30 grav.. . . . . 2 »

Rauch.

Vétérinaires (Nécessité d'encourager l'établissement des) dans les campagnes. 36 p. in-18, par Rauch.. . . . . . . » 50

Saive (De).

Inoculation du bétail pour prévenir la péripneumonie, par le docteur de Saive. 100 pages in-8. . . . . 2 50

Salle.

Méthode pratique pour aider à la connaissance rapide de l'âge du cheval, par Salle, vétérinaire militaire. Tableau circulaire mobile, cartonné. . . . . 5 »

Sanson.

Bétail (Économie du), par Sanson. 4 vol. in-18 et plus de 150 grav. Prix de chaque volume. 3 50

1er Vol. — Organisation et fonctions physiologiques, hygiène.	3e Vol. — Applications : cheval, âne, mulet.
2e Vol. — Principes généraux de la zootechnie.	4e Vol. — Applications : bœuf, mouton, chèvre, porc.

Chaque volume se vend séparément.

Maréchalerie (La). Ferrure des animaux domestiques, par Sanson. 1 vol. in-12 de 180 pages, 27 grav. (Bib. du Cult.) 1 25
Médecine vétérinaire (Notions usuelles de), par Sanson (Bibl. du Cultiv.). 1 vol. de 180 pages et 15 gravures. . . . 1 25
Moutons (Les), par Sanson. 1 vol. de 180 pages et 56 gravures. 1 25

Segouin.

Lapins (Nouveau traité pratique de l'éducation des diverses espèces de), par Segouin. 58 pages in-12.. . . . . » 50

Verheyen.

Médecine vétérinaire (Manuel de), par Verheyen. 2 volumes de 392 pages.. . . . . 2 50

Vial.

Engraissement du bœuf, par Vial (Bibl. du Cultiv.). 1 vol. in-18 de 180 pages et 12 gravures. 1 25

Vial (A.).

Traité d'hippologie. Connaissance pratique du cheval, par A. Vial. 1 vol. in-8 de 519 pages et 73 gravures. 7 50

Villeroy.

Bêtes à cornes (Manuel de l'Éleveur de), par Villeroy (Bibl. du Cultiv.). 300 pages et 60 gravures. 1 25
Bêtes à laine (Manuel de l'Éleveur de), par F. Villeroy, cultivateur au Rittershof (Bavière rhénane). 1 v. de 335 p. et 54 gr. 3 50
Chevaux (Manuel de l'éleveur de), par Félix Villeroy. 2 vol. in-8 avec 124 gravures. (Types des principales races.) . . . . 12 »

ARBORICULTURE — HORTICULTURE — BOTANIQUE

Almanach du jardinier, par les rédacteurs de la **Maison rustique.** 192 pages et 55 gravures. . . . . » 50
> Une nouvelle édition de cet Almanach est publiée chaque année.

ANDRÉ.

Plantes de terre de bruyère. Rhododendrons, Azalées, Camellias, Bruyères, Ipacris, etc., par Ed. André. 1 vol. in-18 de 388 pages avec 30 gravures. 3 50

BARON.

Arbres fruitiers (Nouveaux principes de la taille des), par Baron. 1 vol. in-8 de 142 pages et 23 gravures. 3 50

BENGY-PUYVALLÉE (DE).

Pêcher (Culture du), par Bengy-Puyvallée. 2ᵉ édition. 1 volume in-18. . . . . 3 50

BERLÈSE.

Camellia, par l'abbé Berlèse. 3ᵉ édition. Culture et description de 180 variétés nouvelles. 1 vol. in-8 de 340 pages. . . . . . . 5 »

BONCENNE.

Jardinage pour tous (Traité de), par Boncenne. 2ᵉ édition. 1 v. in-12 de 440 pages. 2 50

BON JARDINIER (LE).

Bon Jardinier (Le), par POITEAU, VILMORIN, BAILLY, DECAISNE, NEUMANN, PÉPIN. 1,650 pages in-12. . . . . 7 »
> Une nouvelle édition du *Bon Jardinier* est publiée chaque année.
> Cet ouvrage a été couronné par la Société impériale d'horticulture.

Bon Jardinier (Gravures du), 22ᵉ édit. 1 vol. in-12 de 648 pag. avec 680 grav. et planches. . . . . 7 »

BOSSIN.

Reine-Marguerite et ses variétés, par Bossin. In-12 de 48 p. . » 50

BRAVY.

Arbres fruitiers (Culture des), par Bravy. 2ᵉ éd. 86 p. in-12. » 75

CARRIÈRE.

Arbre généalogique du groupe pêcher. 1 v. in-8. 104 p. 3 »

Encyclopédie horticole, par E. A. Carrière. In-12 de 558 p. 3 50

Entretiens familiers sur l'horticulture, par Carrière. 1 vol. in-12 de 384 pages. 3 50

Jardinier-multiplicateur (Guide pratique du), ou art de propager les végétaux par semis, boutures, greffes, etc., par E.-A. Carrière. 2ᵉ édition. 1 vol. in-18 de 416 pages et 85 gravures. 3 50

Pépinières, par Carrière (Bibl. du Jard.). 148 pages et 30 grav. 1 25

Production et fixation des variétés dans les végétaux, par Carrière. 1 vol. in-8 à 2 colonnes de 72 pages avec 13 gravures sur bois et 2 planches coloriées. 2 50

Céris (DE).

Jardins et parcs, par de Céris (Bibl. du Jard.). 1 vol. in-18 avec 60 gravures. 1 25

Decaisne et Naudin.

Manuel de l'amateur de jardins. Traité général d'horticulture. Iʳᵉ partie : Principes de botanique et de physiologie végétale ; — IIᵉ partie : Culture des plantes d'agrément de plein air et d'appartements. Prix de chaque partie. 7 50
L'ouvrage se composera de quatre parties.

Dumas (A.).

Culture maraichère pour le midi de la France, contenant le calendrier horticole par A. Dumas, jardinier-chef. 2ᵉ édition, 1 vol. in-18 de 144 pages. (Bibliothèque du Jardinier.) 1 25

Duvillers.

Parcs et jardins (Les), créés et exécutés par F. Duvillers, architecte paysagiste, paraissant par livraisons de deux planches in-folio avec texte. Prix de chaque livraison. . . . . 5 »

Gaudry.

Arboriculture (Cours pratique d'), par Gaudry. 1 vol. in-12 de 304 pages. 2 25

Grin.

Le pincement court ou pincement des feuilles. Méthode de direction des arbres et notamment du pêcher. In-18 de 62 pages. (Bibliothèque du Jardinier.). 1 25

Hardy.

Arbres fruitiers (Taille et greffe des), par Hardy. 6ᵉ édition. 1 vol. in-8 et 122 gravures. 5 50

Hérincq.

Plantes, arbres et arbustes (Manuel général des). Description et culture de 25,000 plantes indigènes d'Europe ou cultivées dans les serres, par MM. Hérincq et Jacques, ex-jardiniers en chef du domaine royal de Neuilly, pour les trois premiers volumes, et Duchartre, pour le quatrième volume. — 4 vol. petit in-8 à 2 colonnes. . . . . . . 36 »

Huard du Plessis.

Noyer (Le). Traité de sa culture, suivi de la fabrication des huiles de noix, par Huard du Plessis. 2ᵉ édition. 1 vol. in-18 de 175 pages et 45 gravures. (Bibliothèque du Cultivateur.). 1 25

Jacquin.

Melon (Monographie complète du), par Jacquin aîné. 1 vol. in-8 de 200 pages et 55 planches sur acier. Prix. . . . . 5 »

Jamin et Durand.

Catalogue raisonné des arbres fruitiers, cultivés chez Jamin et Durand. 56 pages in-8. . . . . 1 50

Jardins, etc.

Jardins (Traité de la composition et de l'ornementation des). 6ᵉ édition. 2 vol. in-4 oblong avec 168 planches gravées. 25 »

P. Joigneaux.

Conférences sur le jardinage (légumes et fruits). 2ᵉ édit., par Joigneaux (Bibl. du Jard.). 152 pages. 1 25

Le jardin potager, par P. Joigneaux, ouvrage illustré de 95 dessins en couleur, intercalés dans le texte. 1 beau vol. in-18 de 442 pages. . . . . 6 »

LABOURET.

Cactées (Monographie de la famille des), suivie d'un **Traité complet de culture** et d'une table alphabétique de toutes les espèces et variétés, par Labouret. 1 vol. in-12 de 732 pages. 7 50
    Cet ouvrage a été couronné par la Société impériale d'horticulture.

LACHAUME.

Pêchers en espaliers (Conduite et taille des), par Lachaume. 1 vol. in-18 de 212 pages et 40 gravures. . . . . 2 »

Poiriers et pommiers (Méthode élémentaire pour tailler et conduire les), par Lachaume. 1 volume in-18 de 285 pages et 49 gravures. 2 50

LAHAYE.

Maladies organiques des arbres fruitiers, des causes et des moyens de les prévenir, par Lahaye. 1 br. in-8 de 44 pages. . . 1 50

LEBOIS.

Chrysanthème (Culture du), par Lebois. 36 pages in-12. . » 75

LECOQ.

Botanique populaire, par Henri Lecoq, professeur à la Faculté des sciences de Clermont-Ferrand. 1 vol in-18 de 408 p. et 215 grav. 3 50

Fécondation naturelle et artificielle des végétaux et hybridation, par Henri Lecoq. 1 vol. in-8 de 428 pages et 106 gravures. 7 50

LE MAOUT.

Flore élémentaire des jardins et des champs, avec des Clefs analytiques conduisant promptement à la détermination des Familles et des Genres, et un Vocabulaire des termes techniques; par Le Maout et Decaisne, de l'Institut, professeur de culture au Jardin des Plantes de Paris. 2 vol. petit in-8 de 940 pages. . . . . 9 »

LEROY (André).

Catalogue de André Leroy (d'Angers). 1 v. in-8 de 140 p. 1 »

LEROY (Louis).

Catalogue général des arbres fruitiers et d'ornement de Louis Leroy (d'Angers). 1 vol. in-8 de 145 pages. . . . . . . 1 »

LIRON (DE) D'AIROLLES.

Catalogue des arbres à fruits, cultivés dans les pépinières des Chartreux de Paris, en 1775. 1 brochure in-18 de 82 pages, publiée par de Liron d'Airolles. 2 »

Essais sur la botanique, la physiologie végétale et sur les phénomènes de la végétation, de la reproduction et de l'hybridation, in-8. 2 50

Poiriers (Les) les plus précieux parmi ceux qui peuvent être cultivés à haute tige; par de Liron d'Airolles. 2ᵉ édit. 1 vol. in-8 avec pl. 2 »

LOISEL.

Asperge. Culture, par Loisel (Bibl. du Jard.). 2ᵉ édition. 108 pages et 8 gravures. 1 25

Melon. Culture, par Loisel (Bibl. du Jard.). 5ᵉ édition. 108 pages et 7 gravures. 1 25

Marx-Lepelletier.

Rosier — Violette — Pensée — Primevère — Auricule — Balsamine — Pétunia — Pivoine, par Marx-Lepelletier (Bibl. du Jard.). 108 pages. 1 25

Menet.

Arboriculture (Traité élémentaire et pratique d'), par Menet. 1 vol. in-8 de 78 pages et 17 planches. 2 50

Morel.

Orchidées (Culture des). Instructions sur leur récolte, expédition et mise en végétation, et liste descriptive de 550 espèces et variétés, par Morel, vice-président de la Société impériale d'horticulture. 1 v.   5 »

Naudin.

Potager (Le), jardin du cultivateur, par Naudin (Bibl. du Jardinier). 187 pages, 51 gravures. 1 25

Serres et orangeries de plein air, par Ch. Naudin. 32 pages in-8. . . . . » 75

Neumann.

Serres (Art de construire et de gouverner les), par Neumann; 1 volume in-4 oblong, renfermant 83 planches. . . . . 7 »

Noisette.

Jardinier (Manuel complet du), par Louis Noisette. 4 vol. in-8 et un supplément formant ensemble 2170 pages et 25 planches. 25 »

Pirolle.

Dahlia, par Pirolle (Bibl. du Jard.). 1 vol. in-18 de 148 pages.   1 25

Ponsort (De).

Pensée (Culture de la), par le baron de Ponsort (Bibl. du Jard.). 1 volume de 108 pages. 1 25

Préclaire.

Arboriculture (Traité théorique et pratique d'), par Préclaire. 1 vol. in-8 de 178 pages et 1 atlas in-4 de 15 planches. .   5 »

Puvis.

Arbres fruitiers. Taille et mise à fruit, par Puvis. (Bibl. du Jard.) 2e édit. 167 pages. 1 25

Puydt (De).

Plantes de serre froide, par de Puydt (Bibl. du Jard.). 157 pages et 15 gravures. 1 25

Rafarin.

Serres (Chauffage des), par Rafarin. 1 vol. in-8, 26 grav.   3 50

Raoul.

Arboriculture (Manuel pratique d'), par l'abbé Raoul. 1 vol. in-18 de 264 pages et 10 gravures. 2 50

Rémy.

Champignons et truffes, par Jules Rémy. 1 vol. in-18 de 172 pages et 12 planches coloriées. 3 50

Jardinier des fenêtres (Le), des appartements et des petits jardins, par J. Rémy. 1 v. in-18 de 280 pages et 40 gravures. 4e édition 3 50

RIONDET.

Olivier (**L'**), par A. Riondet, agriculteur à Hyères, in-18 jésus, de 159 pages. (Bibliothèque du Cultivateur). 1 25

ROBAUX.

Indicateur horticole à l'usage des amateurs et des jardiniers, par Robaux. 1 brochure in-8. . . . . 1 »

THIBAUT.

Pelargonium, par Thibaut (Bibliothèque du Jardinier). 2ᵉ édit. 108 p. et 10 gr. 1 25

VIGNE — BOISSONS — DISTILLATION — SUCRE

CARRIÈRE.

Vigne (**La**), par Carrière. 1 vol. in-18 de 396 p. et 121 grav. 3 50

CLÉMENT PRIEUR.

Étude sur la viticulture et sur la vinification dans le département de la Charente. In-8 de 163 pages. . . 2 »

COLLIGNON D'ANCY.

Vigne. Nouveau mode de culture et d'échalassement; par Collignon d'Ancy. 1 vol. in-8 de 200 pages et 3 planches. . . . . . . 3 »

GARNIER.

Vigne (Théorie pour l'amélioration de la culture de la), par Garnier. 1 vol. in-8 de 192 pages. . . . . 2 »

GUÉRIN-MENNEVILLE.

Maladie des vignes (La). Br. in-12 de 35 pages. . . . . » 50

GUYOT (JULES).

Vigne (Culture de la) et vinification, par le Dʳ Jules Guyot. 2ᵉ édition. 1 volume in-12 de 426 pages et 30 gravures. . . . 3 50

Viticulture dans la Charente-Inférieure, par le docteur Guyot. 1 volume in-8 de 60 pages. 2 50

Viticulture dans l'est de la France, par le docteur Guyot. 1 volume in-18 de 204 pages et 46 gravures. 3 50

Viticulture du sud-ouest de la France, par le docteur Guyot. 1 volume in-8 de 248 pages et 89 gravures. 4 50

HEUZÉ.

Vignes malades (Traitement des), rapport adressé au ministre de l'intérieur par Gustave Heuzé. In-8 de 72 pages . . . . 1 »

JOBARD-BUSSY.

Vigne (Perfectionnement de la plantation de la), par Jobard-Bussy. 1 volume in-8 de 102 pages et 1 planche. 1 50

LALIMAN.

Vigne (Taille de la) à cordons, vignes et vins étrangers, par Laliman. 1 brochure in-8 de 52 pages. 1 25

Le Canu.

Étude sur les raisins, leurs produits et la vinification, in-8 de 31 pages. . . . . 1 »

Leusse (De).

Distillation agricole de la pomme de terre, des topinambours, etc., etc., par le comte de Leusse. 1 vol. in-18 de 154 pages. . . . . 2 »

Machard.

Vins (Traité pratique sur les), par Machard. 4ᵉ édition. 1 vol. in-18 de 359 pages. 3 50

Martin (De).

Appareils vinicoles (Les) en usage dans le midi de la France. In-8 de 118 pages. . . . . 2 »

Michaux (A.).

Échalas (Plus d'). Échalas, paisseaux et lattes remplacés par des lignes de fil de fer mobiles, par A. Michaux, de l'Institut. 18 pages et 1 planche. . . . . » 40

Odart.

Ampélographie universelle, ou Traité des cépages les plus estimés, par le comte Odart. 5ᵉ édit. 1 vol. in-8 de 650 pages. . 7 50

Vigneron (Manuel du), par le comte Odart. 5ᵉ édition. 1 vol. in-12 de 360 pages. 4 50

Robinet (fils).

Vins (Manuel pratique et élémentaire d'analyse des), par Éd. Robinet fils. 1 vol. in-8 de 156 pages et 2 planches. . 3 »

Seillan.

Vins du Gers, par Seillan. 11 pages in-4 et 1 carte. . . . . . 1 »

Terrel des Chênes.

Vins (Pourquoi nos) dégénèrent, par Terrel des Chênes. 1 brochure in-8 de 48 pages. . . . . 1 »

Vergne (De la).

Soufrage de la vigne (Instruction pratique sur le), par de la Vergne. 1 vol. in-18 de 82 pages et 1 planche. 1 50

Vergnette-Lamotte.

Vin (Le), par de Vergnette-Lamotte, correspondant de l'Institut. 1 vol. in-18 de 384 pages avec 3 planches en couleur et 29 gr. noires. 3 50

Vignial.

Vigne (Hygiène de la), par Vignial. Moyen de lui rendre la santé sans le secours d'aucun remède. Une brochure in-8 de 39 pages et 4 planches, 2ᵉ édition. . . . . 2 »

Winckler.

Revue synoptique des principaux vignobles de l'univers. In-folio de 32 pages ou tableaux. . . . . 3 »

ABEILLES — MURIERS — SOIE — VERS A SOIE

BASTIAN (F.)

Abeilles (Les). Traité d'apiculture rationnelle et pratique, par F. Bastian. 1 vol. in-18 orné de 49 gravures. 3 50

BLAIN.

Ver à soie du chêne (Notice pratique pour servir à l'éducation du), par Blain. 1 brochure in-18 de 20 pages. . . 1 »

BOULLENOIS (DE).

Vers à soie (Conseils aux nouveaux éducateurs de), par de Boullenois. 2ᵉ édit. 1 vol. in-8 de 224 pages et 2 planches. 3 50

BOYER et LABAUME.

Mûrier (Culture du), par Boyer et Labaume. 150 p., 3 pl. . 3 »

CHABOD.

Magnanerie (La petite), ou Manuel de l'éducation pratique et raisonnée des vers à soie, par Chabod fils. 1 br. in-18 de 48 p. . . 1 25

CHARREL.

Mûrier (Manuel du cultivateur de), par Charrel, pépiniériste, commissaire-instructeur à la culture du mûrier, désigné par la Société d'agriculture de Grenoble. 1 vol. in-8 de 268 pages. 1 75

CHAVANNES (DE).

Mûrier. Manière de cultiver le mûrier avec succès dans le centre de la France, par de Chavannes. 1 vol. in-8 de 130 pages. 1 25

DEBEAUVOYS.

Apiculteur (Guide de l'), par Debeauvoys. 6ᵉ édition. 1 vol. in-12 de 340 pages, avec figures. 2 50

DUSEIGNEUR.

Cocons et graines d'Italie, par Duseigneur. 16 pag. in-8. 1 »

GIRARD (Maurice).

Entomologie appliquée. Les insectes utiles (vers à soie et abeilles) et les insectes nuisibles, par Maurice Girard, président de la Société entomologique de France. in-8 de 39 pages. 1 50

GIVELET.

Ailante et son bombyx (L'). Culture de l'ailante, éducation du ver que cet arbre nourrit, valeur et emploi de la soie qu'on en tire, par Henri Givelet. Ouvrage orné de plusieurs plans et de 14 planches coloriées. . . . . 5 »

GUÉRIN-MENNEVILLE.

Muscardine, par Guérin-Menneville. In-8 de 186 pages. . .

Lefèvre (Em.).
Abeilles à propos de la ruche Krug (Les), par Émile Lefèvre. 1 vol. in-18 de 72 pages. . . . . » 75

Masquard (Eug. de).
**Maladies des vers à soie (Les). Causes, nature et moyens
de les prévenir**, par M. Eugène de Masquard. 1 vol. in-8 d'environ
300 pages. L'ouvrage se compose de 3 parties. 1re partie, historique.
2e partie, théorie. 3e partie, pratique. Prix de l'ouvrage complet. 3 50
En vente : 1re partie et documents. 1 75

Personnat.
Ver à soie du chêne (Conférence sur le), (Bombyx Yama-maï);
par Camille Personnat, donnée au Palais de l'Industrie de Paris, le 28
août 1865. . . . . 1 »
**Ver à soie du chêne (Le) à l'Exposition universelle de
1867.** Insectes utiles vivants. Br. in-8 avec grav. . . . . 1 »
Ver à soie du chêne (Le), bombyx Yama-maï. son histoire, son acclimatation, son éducation, ses produits, par Camille Personnat. 4e éd.,
1 vol. in-8 avec 3 planches coloriées. . . . . 3 »

Roux.
Vers à soie (Les), par J.-F. Roux. 1 vol. in-12 de 245 pages. 1 25

Sagot.
Petit traité spécial de la culture des abeilles avec l'aumô-
nière ruche à cadres et greniers mobiles, par l'abbé Sagot. In-18, fig. 1 »

Société séricicole.
Société séricicole (Annales de la). pour la propagation et l'a-
mélioration de l'industrie de la soie. 15 vol. grand in-8 et 15 planches.
La collection complète. . . . . 175 »

BOIS — FORÊTS — CHARBON

Arbois de Jubainville (D').
Assolements forestiers (Utilité des), par d'Arbois de Jubain-
ville. 1 brochure in-8 de 48 pages . . . . 2 »
Balivage (Règlement du) dans une forêt particulière, par d'Arbois de Jubainville. 1 brochure in-8 de 64 pages. . . . . 2 »
Défrichement des forêts (Manuel du), par d'Arbois de Jubainville. 1 vol. in-8 de 184 pages. 4 50
Taillis sous futaie (Recherches sur les), par d'Arbois de Jubainville. In-8 de 57 pages et 2 pl. . . . . 2 »
Vente des forêts de l'État (Observations sur la), par d'Arbois de Jubainville. Br. in-8. . . . . » 50

Burger.
Chêne de marine (Principes de culture du), par Burger.
1 brochure in-8 de 64 pages. 1 50

Clavé.
Économie forestière (Études sur l'), par Jules Clavé. 1 vol.
in-18 de 380 pages. 3 50

Courval (De).

Arbres forestiers (Conduite et taille des), par le vicomte de Courval. 1 brochure in-8 de 110 pages et 15 planches. . . . . . . 3 »

Dubois

Charrue forestière, travaux de reboisement exécutés dans le Blésois, par Dubois. 1 brochure in-8 de 84 p. . . 2 »

Futaies de chène (Considérations culturales sur les), par Dubois. 1 brochure in-8 de 42 pages. 1 50

Grandvaux.

Reboisement des montagnes de France, par Grandvaux. 1 volume in-8 de 50 pages. . . . . » 75

Gurnaud.

Bois de l'État et la dette publique (Les), par Gurnaud. 1 brochure de 16 pages. . . . . » 75

Forêts de l'État (Conserver les) et réaliser le matériel surabondant, par Gurnaud. 1 brochure in-8 de 64 pages. . . . . 2 »

Forêts (Mémoire sur la gestion des), par Gurnaud. 1 brochure in-8 de 32 pages. . . . . : . 1 50

Joubert.

Reboisement de la France (Du), par Joubert. In-8. . . 1 50

Lyon.

Éléments de procédure correctionnelle à l'usage des agents forestiers. In-8 de 27 pages. . . . . 1 »

Moitrier.

Osier (Culture de l'), et art du vannier, par Moitrier. 2° édition. 60 pages et 3 planches. 2 50

Nanquette.

Cours d'aménagement des forêts, professé à l'École impériale forestière, par H. Nanquette. 1 volume in-8 de 327 pages. . . 6 »

Ribbe (De).

Provence (La), au point de vue du bois, des torrents et des inondations ; par de Ribbe. 1 vol. in-8 de 200 pages. . . . . 3 »

Rousset.

Études de maitre Pierre sur l'agriculture et les forêts, par Antonin Rousset. 1 volume in-18 de 92 pages. . . . . . . 1 »

Samanos.

Pin maritime (Culture du), par Eloi Samanos. 1 volume in-8 de 150 pages et 4 planches. . . . . 3 »

Thomas.

Bois (Traité général de la culture et de l'exploitation des), par Thomas. 2 volumes in-8. . . . . 10 »

ÉCONOMIE DOMESTIQUE — CUISINE

Bréviaire des gastronomes. Aide-mémoire pour ordonner les repas. 1 volume in-16 cartonné de 186 p. . . . . 2 »

Cuisinière de la campagne et de la ville (La), par L. E. A. 1 volume in-12 avec figures. 42ᵉ édition. . . . . 3 »

DELAMARRE.

Vie à bon marché (La), par Delamarre, député de la Somme. Le pain, la viande, les transports. 2ᵉ édit. 1 vol. in-12 de 708 p.. 3 50

EMION (V.).

Taxe (La) du pain, par Victor Emion, avec préface par Borie. 1 vol. in-8 de 108 pages. . . . . 4 fr.

LECLERC.

Caisse d'épargne et de prévoyance. Lettres à un jeune laboureur par Louis Leclerc. 3ᵉ édition. In-12 de 60 pages. . . . . » 25

MARTIN (DE).

Fromages (Études sur la fabrication des), fermentation caséique. Grand in-8 de 60 pages. 1 50

MICHAUX (Mᵐᵉ).

La cuisine de la ferme par Mᵐᵉ Marceline Michaux. 1 vol. in-18 de 180 pages. (Bibliothèque du Cultivateur.) 1 25

MILLET-ROBINET (Mᵐᵉ).

Bon domestique (Le), par Mᵐᵉ Millet-Robinet. 1 volume in-12 de 204 pages. . . . . 2 »

Conseils aux jeunes femmes, par Mᵐᵉ Millet-Robinet. 1 vol. in-18 de 284 pages et 30 gravures 3 50

Économie domestique, par Mᵐᵉ Millet-Robinet. (Bibl. du Cultiv.). 3ᵉ édition. 245 pages et 78 gravures. 1 25

Maison rustique des dames, par Mᵐᵉ Millet-Robinet. 2 volumes in-12, avec 250 gravures, 6ᵉ édition. 7 75

Cet ouvrage est divisé en quatre parties :

TENUE DU MÉNAGE	MÉDECINE DOMESTIQUE
Travaux. — Repas. — Comptabilité — Dépenses. — Mobilier. — Linge. — Conserves — Blanchissage.	Pharmacie. — Hygiène. — Maladies des enfants. — Médecine et Chirurgie. — Empoisonnement. — Asphyxie.
CUISINE	JARDIN — FERME
Potages. — Sauces. — Viandes. — Poissons. — Gibier. — Légumes. — Fruits — Purées. — Entremets. — Desserts. — Bonbons.	Jardins, Potagers, Fruitiers, Fleurs, etc. Ferme, Travaux des champs. — Bassecour, Vacherie, Laiterie. — Bergerie, Porcherie.

SQUILLIER.

Denrées alimentaires (Traité populaire des) et de l'alimentation. 1 vol. in-12 de 432 pages. . . . . 3 »

THOMAS.

Manuel des halles et marchés en gros. Guide de l'approvisionneur, de l'acheteur et des employés aux divers services de l'alimentation de Paris, par Ernest Thomas. 1 vol. in-12 de 316 pages. 3 »

VACCA (E.).

Fromages dits de géromé (Fabrication des), par E. Vacca, professeur de chimie. Brochure in-8. . . . . » 50

VILLEROY.

Laiterie, beurre et fromages, par Villeroy. 1 volume in-18 de 390 pages et 59 gravures. 3 50

JOURNAUX — PUBLICATIONS PÉRIODIQUES

GAZETTE DU VILLAGE

Fondée par VICTOR BORIE

PARAISSANT TOUS LES DIMANCHES

Prix d'abonnement, rendu *franco* à domicile : un an.. . 6 fr.
—   —   six mois.. 3 fr. 50

10 centimes le numéro

Ce journal, contenant 8 pages à deux colonnes, format des journaux littéraires illustrés, publie, chaque semaine, des articles ayant pour but de mettre à la portée de toutes les intelligences les notions élémentaires d'économie rurale, les meilleures méthodes de culture, les inventions nouvelles ; de faire connaître les principales industries et les procédés employés par elles ; de populariser les voyages entrepris dans des contrées lointaines ; de raconter la vie des hommes utiles à l'humanité, et de tenir enfin les lecteurs au courant de tout ce qui se passe d'intéressant dans le monde industriel et agricole.

Il donne, en outre, un grand nombre de faits, recettes, procédés divers utiles aux cultivateurs et aux ouvriers.

Une partie du journal, consacrée aux *lectures du soir*, contient un roman choisi avec la sollicitude la plus scrupuleuse.

Instruire et moraliser sans ennui, tel est le programme de la *Gazette du village*.

En vente :	1re année 1864.	4	»
	2e — 1865.	4	»
	3e — 1866.	4	»
	4e — 1867.	4	»

On s'abonne à Paris, rue Jacob, 26, en envoyant un mandat de SIX francs sur la poste. (Les frais de ce mandat ne sont que de 6 centimes.)

40e ANNÉE — 1868

REVUE HORTICOLE

JOURNAL D'HORTICULTURE PRATIQUE

FONDÉE EN 1829 PAR LES AUTEURS DU BON JARDINIER

Rédacteur en chef : E. CARRIÈRE
Chef des pépinières au Muséum d'histoire naturelle

PRINCIPAUX COLLABORATEURS :

D'Airolles, André, Bailly, Baltet, Boncenne, Bossin, Bouscasse, Carbou,
Chabert, Chauvelot, Denis, de la Roy, Doumet, du Breuil,
Durupt, Ermens, Gagnaire, Glady, Gloede, Groenland, Guillier, Hardy, Houllet,
Kolb, Lachaume, de Lambertye, Lecoq, Lemaire,
André Leroy, Martins, de Mortillet, Naudin, Neumann, d'Ornous,
Pépin, Quetier, Rafarin, Robine, Sisley, Verlot, Vilmorin, etc.

PRIX DE L'ABONNEMENT POUR LA FRANCE ET L'ALGÉRIE

Un an (janvier à décembre) : 20 fr.

La **Revue horticole** est envoyée *franco* contre le payement du montant de l'abonnement, d'une des trois façons suivantes :

Envoi d'un mandat sur la poste	Envoi en timbres-poste	Envoi de l'autorisation à MM. les Administrateurs de faire traite
Un an. . . . 20 »	Un an. . . . 20 80	Un an. . . . 20 90
Six mois. . . 10 50	Six mois. . . 10 50	Six mois. . . 11 40

Adresser les mandats de poste, timbres-poste, autorisations de traite, à MM. Bixio et Cᵉ, 26, rue Jacob, à Paris

PRIX DE L'ABONNEMENT D'UN AN POUR L'ÉTRANGER

Franco jusqu'à destination.		*Franco jusqu'à leur frontière.*	
Italie, Belgique et Suisse. . . .	20 fr.	Grèce.	23 fr.
Angleterre, Egypte, Espagne, Pays-Bas, Turquie, Allemagne, Autriche.	23	Suède.	23
		Pologne, Russie.	23
Colonies françaises, Montevideo, Uruguay.	23	Buenos Ayres, Canada, Colonies anglaises et espagnoles, Etats-Unis, Mexique.	23
Etats-Pontificaux.	24	Bolivie, Chili, Nouvelle-Grenade, Pérou, Java.	29
Brésil, Iles Ioniennes, Moldo-Valachie.	26		
Portugal.	24		

N. B. — La *Librairie agricole* envoie un numéro spécimen de la *Revue horticole* à toute personne qui lui en fait la demande.

32ᵉ |ANNÉE — 1868

JOURNAL

D'AGRICULTURE PRATIQUE

MONITEUR DES COMICES, DES PROPRIÉTAIRES ET DES FERMIERS

(Seconde partie de la *Maison rustique du dix-neuvième siècle*)

Fondé en 1837 par Alexandre Bixio

Rédacteur en chef : E. LECOUTEUX
Propriétaire-Agriculteur
MEMBRE DE LA SOCIÉTÉ IMPÉRIALE ET CENTRALE D'AGRICULTURE DE FRANCE

Secrétaire de la rédaction : M. A. de CÉRIS
Gérant responsable : M. Maurice BIXIO

PRINCIPAUX COLLABORATEURS :

**MM. Boussingault, Brongniart, Combes, H. Deville,
Duchartre, Dumas, Michel Chevalier, Naudin, Payen, Wolowski, etc.,**
Membres de l'Institut,

**MM. Amédée Durand, Béhague (de), Bella, Borie,
Bouchardat, Dampierre, Gayot, Guérin-Menneville, Heuzé,
Kergorlay (de), Magne, Moll, Monny de Mornay (de)
Nadault de Buffon, Reynal, Robinet, Vibraye (de), Vogué (de), etc.,**
Membres de la Société impériale et centrale d'agriculture,

Et un nombre considérable d'agriculteurs, de savants, d'économistes,
d'agronomes de toutes les parties de la France et de l'étranger.

Ce journal est autorisé à traiter les matières d'économie politique et sociale. Il paraît toutes
les semaines par livraison de 40 pages in-8

FORMANT CHAQUE ANNÉE
DEUX BEAUX VOLUMES ENSEMBLE DE 1,700 PAGES
Avec de belles gravures noires dans le texte

PRIX DE L'ABONNEMENT POUR LA FRANCE ET L'ALGÉRIE

La Journal d'agriculture pratique est envoyé *franco* contre le payement du montant de l'abonnement d'une des trois façons suivantes :

Envoi d'un mandat sur la poste	Envoi en timbres-poste	Envoi de l'autorisation à MM. les Administrateurs de faire traite
Un an. . . . 20 »	Un an. . . . 20 80	Un an. . . 20 90
Six mois. . . 10 50	Six mois. . . 10 90	Six mois. . . 11 40

Adresser les mandats de poste, timbres-poste, autorisations de traite, à MM. Bixio et Cᵉ, 26, rue Jacob, à Paris.

PRIX DE L'ABONNEMENT D'UN AN POUR L'ÉTRANGER

Franco jusqu'à destination.

Italie, — Belgique et Suisse. . 20 fr.
Angleterre, — Egypte, — Espagne, — Pays-Bas, — Turquie. 25
Allemagne, — Autriche, — Portugal. 27
Colonies françaises, — Montevideo, — Uruguay. 30
Etats-Pontificaux. 28
Brésil, — Iles Ioniennes, — Moldo-Valachie. 35

Franco jusqu'à leur frontière.

Grèce, — Suède. . . . . 28 fr.
Pologne, — Russie. 32
Buenos Ayres, — Canada, — Colonies anglaises et espagnoles, — Etats-Unis, — Mexique. .
Bolivie, — Chili, — Nouvelle-Grenade, — Pérou, — Java. . 35

N. B. L'administration envoie un numéro spécimen du *Journal d'agriculture pratique* à toute personne qui lui en fait la demande.

1ʳᵉ *année* 1868

LES

NOUVELLES MÉTÉOROLOGIQUES

PUBLIÉES SOUS LES AUSPICES

DE LA SOCIÉTÉ MÉTÉOROLOGIQUE DE FRANCE

COMMISSION DE RÉDACTION :

MM. Ch. SAINTE-CLAIRE-DEVILLE, président.
MARIÉ-DAVY, secrétaire.
RENOU, LEMOINE, SONREL.

Les Nouvelles météorologiques paraissent le 1ᵉʳ de chaque mois par livraisons de 32 pages.

PRIX DE L'ABONNEMENT POUR LA FRANCE ET L'ALGÉRIE :

Un an : 15 fr.

PRIX DE L'ABONNEMENT D'UN AN POUR L'ÉTRANGER :

Les frais de poste en sus de 15 fr.

On s'abonne à Paris, à la Librairie agricole, rue Jacob, 26, en envoyant un mandat de poste de 15 francs pour la France et les colonies, et les frais de poste en sus pour l'étranger.

ENSEIGNEMENT PRIMAIRE AGRICOLE

BIBLIOTHÈQUE AGRICOLE DES ÉCOLES PRIMAIRES
à **75** centimes le volume

BONCENNE.

Horticulture (Cours élémentaire d'), par Boncenne. 2 vol. in-18, formant ensemble 312 pages avec 85 grav. 1 50
Chacun de ces volumes est vendu séparément. . . . . » 75

BORIE (V.)

Jeudis de M. Dulaurier (Les), par Victor Borie. 2 vol. in-18 de chacun 126 pages et 40 gravures.. . . . . 1 50
Chaque volume séparé.. . . . . » 75

J. CHALOT.

Devoirs de l'homme envers les animaux, par J. Chalot, instituteur. 1 vol. in-16 de 128 pages. 75

DOUAY (EDM.)

Grammaire française raisonnée, avec exemples agricoles par Edm. Douay. 1 vol. in-18 de 128 pages. . . . . » 75

Alphabet et syllabaire par Edm. Douay. 1 vol. in-16, orné de vignettes . . . . » 75

HEUZÉ (G.).

Lectures et dictées d'agriculture, revues et annotées par Gustave Heuzé. 1 vol. in-18 de 128 pages. . . . . » 75

LAURENÇON (C.)

Traité d'agriculture élémentaire et pratique, par C. Laurençon. 2 vol. in-18 avec figures. 1 50

LEFOUR.

Arithmétique agricole, par Lefour. 1 vol. in-16 de 128 pages, ornées de vignettes . . . . » 75

———

DUCOUDRAY (G.).

Histoire de France. Simples récits à l'usage des classes élémentaires des lycées, de l'enseignement secondaire spécial, des écoles primaires supérieures, par G. Ducoudray. 1 vol. in-18 de 184 pages, avec 36 gravures coloriées hors texte. 1 50
Cet ouvrage a été admis par la commission des bibliothèques scolaires.
Le même ouvrage, cartonné. 1 75
—   —   toile rouge. . . . . 2 »

BIBLIOTHÈQUE DU CULTIVATEUR

Publiée avec le concours du Ministre de l'agriculture

33 volumes in-18, à 1 fr. 25 le volume

Agriculteur commençant (Manuel de l'), par Schwerz, traduit par Villeroy. 5e édit., 332 pages.. . . . . 1 25
Animaux domestiques, par Lefour. 1 vol. in-18 de 162 pages et 57 gravures.. . . . . 1 25
Basse-cour, pigeons et lapins, par Mme Millet-Robinet, 5° édit., 180 p., 31 gravures. 1 25
Bêtes à cornes (Manuel de l'éleveur de), par Villeroy. 300 pages et 60 gravures. 1 25
Champs et prés (Les), par Joigneaux. 140 pages. 1 25
Cheval (Achat du), par Gayot. 1 vol. de 180 pages et 25 grav. 1 25
Cheval, âne et mulet, par Lefour. 1 vol. de 176 p. 192 gr. 1 25
Cheval percheron, par du Hays. 176 pages. 1 25
Choux (culture et emploi), par Joigneaux. 1 vol. in-18 de 180 pages et 14 gravures. 1 25
Comptabilité et géométrie agricoles, par Lefour. 214 pages et 104 gravures.. . . . . 1 25
Constructions et mécaniques agricoles, par Lefour, 216 pages et 151 gravures. 1 25
Cuisine (La) **de la ferme**, par Mme Michaux. 180 pages. . 1 25
Culture générale et instruments aratoires, par Lefour. 1 vol. in-18 de 160 pages et 132 gravures. 1 25
Économie domestique, par Mme Millet-Robinet. 3e édit., 245 pages et 78 gravures.. . . . . 1 25
Engraissement du bœuf, p. Vial. 1 v. in-18 de 100 p. et 12 g. 1 25
Fermage (estimation, plan d'amélioration, baux), par de Gasparin, membre de l'Institut, anc. ministre de l'agriculture. 3e éd. 216 p. 1 25
Fumiers de ferme et composts, par Fouquet. 2e éd. 176 pages et 19 gravures. 1 25
Fumures et des étendues de fourrages (Les formules des), par Gustave Heuzé. 2e édition, 72 pages. 1 25
Houblon, par Erath, traduit par Nicklès. 156 pages et 22 grav. 1 25
Lièvres, lapins et léporides, par Eug. Gayot. 216 p., 15 g. 1 25
Maréchalerie ou Ferrure des animaux domestiques, par Sanson. 1 vol. de 180 pages et 27 grav. 1 25
Médecine vétérinaire (Notions usuelles de), par Sanson. 1 vol. de 180 pages.. . . . . 1 25
Métayage, par de Gasparin. 2e édition. 162 pages. 1 25
Moutons (Les), par A. Sanson, 1 vol. in-18 de 180 p. et 56 gr. 1 25
Noir animal (Le), par Bobierre. 156 pages et 7 gravures.. 1 25
Noyer (Le), sa culture, par Huard du Plessis. 2 édit. 1 vol. in-18 de 175 pages et 45 gravures.. . . . . 1 25
Olivier (L'), par Riondet. 1 vol. de 139 pages. 1 25
Poules et œufs, par E. Gayot. 1 vol. de 208 pages et 55 gr. 1 25
Races bovines, par Dampierre. 2e édit. 196 pages et 28 gr. 1 25
Sol et engrais, par Lefour. 180 pages et 54 gravures . . . 1 25
Tabac (Le), moyens d'améliorer sa culture, par Schlœsing et Grandeau. 1 vol.. . . . . 1 25
Travaux des champs, par Victor Borie. 188 p. et 121 gr. 1 25
Vaches laitières (Choix des), par Magne. 144 p. et 39 gr. . 1 25

BIBLIOTHÈQUE DU JARDINIER

Publiée avec le concours du Ministre de l'agriculture

14 volumes in-18 à 1 fr. 25 le volume

Arbres fruitiers. Taille et mise à fruit, par Puvis. 2ᵉ édition. 167 pages.. 1 25

Asperge. Culture, par Loisel. 2ᵉ édit. 108 p. et 8 grav. 1 25

Conférences sur le jardinage (légumes et fruits) 2ᵉ édition, par Joigneaux. 152 pages. 1 25

Culture maraîchère pour le midi de la France, par A. Dumas. 2ᵉ édition. 144 pages. 1 25

Dahlia, par Pirolle. 1 vol. in-18 de 148 pages. 1 25

Jardins et parcs, par de Céris. 1 vol. in-18 avec 60 grav. . 1 25

Melon. Culture, par Loisel. 5ᵉ édition. 108 pages et 7 grav. ... 1 25

Pelargonium, par Thibaut. 2ᵉ édit. 108 pag. et 10 grav... 1 25

Pensée (Culture de la), par le baron de Ponsort. 1 volume de 108 pages................................ 1 25

Pépinières, par Carrière. 148 pages et 30 gravures........ 1 25

Pétunia — Rosier — Pensée — Primevère — Auricule — Balsamine — Violette — Pivoine, par Marx-Lepelletier. 108 pages.................................... 1 25

Pincement court ou **Pincement des feuilles,** 2ᵉ édition, par Grin. 1 25

Plantes de serre froide, par de Puydt. 157 p. et 15 grav.. 1 25

Potager (Le), jardin du cultivateur, par Naudin. 187 p., 34 gr. 1 25
Chacun de ces volumes est vendu séparément.

La Librairie agricole de la **MAISON RUSTIQUE** publie chaque année un bel **ALMANACH-CALENDRIER** richement exécuté en chromo-lithographie, et contenant au verso un aide-mémoire avec les renseignements indispensables aux cultivateurs, tels que : Travail qu'on peut exiger des attelages, d'un journalier ; poids de toutes les denrées ; rendements des animaux, etc.

Le prix de l'**ALMANACH-CALENDRIER** pour **1868** est de **2 fr.**

FIN.

PARIS. — IMP. SIMON RAÇON ET COMP., RUE D'ERFURTH, 1.

EXTRAIT DU CATALOGUE

DE LA LIBRAIRIE AGRICOLE DE LA MAISON RUSTIQUE
26, rue Jacob.

Journal d'Agriculture pratique, moniteur des comices, des propriétaires et des fermiers, fondé en 1837 par Alexandre Bixio ; rédacteur en chef, M. E. Lecouteux, membre de la Société centrale d'agriculture de France ; paraissant toutes les semaines par livraison de 40 pages, formant tous les ans deux beaux volumes ensemble de 1,700 pages, avec de belles gravures noires dans le texte.

Prix de l'abonnement pour la France, l'Algérie, l'Italie, la Belgique et la Suisse :

> Un an. . . . . 20 »
> Six mois. 10 50

Revue horticole, publiée sous la direction de M. E. A. Carrière, chef des Pépinières au Muséum. Paraît le 1ᵉʳ et le 16 de chaque mois par livraison de 24 pages in-8, avec 2 gravures coloriées et des gravures noires, et forme tous les ans un beau volume in-8 de 500 pages avec de nombreuses gravures noires et 24 gravures coloriées.

Prix de l'abonnement d'un an pour la France. . . . . 20 f. »
— — six mois. 10 50

Vigne (la) ; par Carrière. 1 vol. in-18 de 396 pages et 121 grav. . 3 50

Vigne. Nouveau mode de culture et d'échalassement ; par Collignon d'Ancy. 1 vol. in-8 de 200 pages et 3 planches. . . . . 3 »

Vigne (Théorie pour l'amélioration de la culture de la) ; par Garnier. 1 vol. in-8 de 192 pages. . . . . 2 »

Vigne (Culture de la) et Vinification ; par le Dʳ Jules Guyot. 2ᵉ édition. 1 vol. in-12 de 426 pages et 30 gravures. . . . . 3 »

Viticulture dans la Charente-Inférieure ; par le Dʳ Guyot. 1 volume in-8 de 60 pages. 2 50

Viticulture dans l'est de la France ; par le Dʳ Guyot. 1 volume in-18 de 204 pages et 46 gravures. 3 50

Viticulture du sud-ouest de la France ; par le Dʳ Guyot. 1 volume in-8 de 248 pages et 89 gravures. 4 50

Vin (Le), par de Vergnette-Lamotte, correspondant de l'Institut. 1 volume in-18 de 384 pages avec 3 planches en couleur et 29 gr. noires. . . 3 50

Ampélographie universelle, ou Traité des cépages les plus estimés ; par le comte Odart. 5ᵉ édit. 1 vol. in-8 de 650 pages. 7 50

Vigneron (Manuel du) ; par le comte Odart. 3ᵉ édition. 1 vol. in-12 de 360 pages. 4 50

Vins (Manuel pratique et élémentaire d'analyse des) ; par Ed. Robinet fils. 1 vol. in-8 de 156 pages et 2 planches. . . . . 3 »

Paris. — Imprimé par Cusset et Cⁱᵉ, 26, rue Racine.